やさしい線形代数の応用

もっと知りたい

仁平政一

現代数学社

まえがき

大学等での線形代数の講義では，一般的な理論は学んでも，授業時数の関係から，応用に関する話までは，あまり学べないのが現状ではないでしょうか．

また，微分積分学の応用に関しては，すぐに接線や速度，面積，体積等を思い浮かべることが出来ますが，線形代数の応用となると，具体的に見えてこないように思われます．

そこで，本書では線形代数の応用に関する基本的な事柄や代表的で面白い問題を取り上げました．

本書を読むにあたっては，行列の演算，行列式の計算，固有値・固有ベクトル等の初歩的な知識を必要としますが，必要に応じて復習を取り入れ，行間を飛ばさず出来る限り分かり易く書きましたので，線形代数に関する詳しい知識がなくても読み進めることができます．

では，簡単に本書の内容を紹介しておきましょう．

第1章の§1では，高校の授業等でもお馴染みの「2点を通る直線の方程式」を始めとして「三角形面積，四面体の体積等」の行列式表示の話を取り上げました．§2, §3はそれぞれ「2次曲線」と「2次曲面」の話です．2次曲線については高校での内容の復習から話が始まります．第2章の§4は「2次式の最大最小」の話からスタートして「クーラント・フィッシャーミニマックス定理」まで．§5, §6はそれぞれ「漸化式で定められる数列」や「不等式への応用」を学びます．ここでも高校等で馴染みのある話から始めました．

§1, 4, 5, 6は，互いに独立した内容ですのでどこからでも読むことができます．§3は，§2の知識があるとより分かり易くなります．

第3章の§7, §8は連立線形微分方程式への応用に向けた準備的な内容ですが，それ自体でも楽しむことができます．

§9, §10は微分方程式への応用の話です．§7, §8の知識があれば，微分方程式に関する予備知識がなくても読めるようになっています．

第 4 章の §11, §12 は，線形代数的グラフ理論の分野ですが，§11 で「グラフの定義」から話を始めましたので，グラフ理論に関する予備知識がなくても容易に読み進めることができ,「グラフ理論への応用」の面白さを楽しむことができるでしょう.

本書を通して，少しでも線形代数の応用の面白さを味わっていただけるなら，著者の喜びとするところです.

本書は，月刊誌「理系への数学」に連載されたものに加筆したものです.

連載中から単行本の出版まで大変お世話になりました富田淳氏および編集部の皆様方に深く御礼申し上げます.

2013 年 5 月　仁平　政一

目　次

第 1 章

幾何学への応用

§1 行列式の幾何学への応用

ここでは，大学等で，どの分野を専攻するにしても必要な幾何学（図形）に関する話をしましょう．

それらのうちの幾つかは，高校等でお馴染みの話です．

では，早速本論に入りましょう．

1.1 平面上の2点を通る直線の方程式

平面上の2点を通る直線の方程式を求めることから話を始めます．

座標軸の平行移動を考えれば，2点のうち1点を原点と仮定してよいでしょう．

そこで，xy 平面で原点 $\mathrm{O}(0,\ 0)$ と点 $\mathrm{P}_1(x_1,\ y_1)$ を通る直線を考えてみましょう．直線上の任意の点を $\mathrm{P}(x,\ y)$ とすると，ベクトル $\overrightarrow{\mathrm{OP}}$ はベクトル $\overrightarrow{\mathrm{OP_1}}$ のスカラー倍で表すことができますから，

$$\overrightarrow{\mathrm{OP}} = t\overrightarrow{\mathrm{OP_1}}\quad (t\ \text{は実数}) \tag{1.1}$$

と書くことができます．

いま，$\overrightarrow{\mathrm{OP}} = (x,\ y)$，$\overrightarrow{\mathrm{OP_1}} = (x_1,\ y_1)$ と成分表示をすると(1.1)から

$$x = tx_1, \quad y = ty_1$$

となります．これから t を消去すれば

$$\frac{x}{x_1} - \frac{y}{y_1} = 0 \quad \text{すなわち} \quad xy_1 - yx_1 = 0$$

となります．これは行列式を用いて

$$\begin{vmatrix} x & x_1 \\ y & y_1 \end{vmatrix} = 0 \tag{1.2}$$

と表すことができます．

2点 $P_1(x_1,\ y_1)$ と $P_2(x_2,\ y_2)$ を通る直線の方程式は，点 $(x_1,\ y_1)$ を原点に平行移動すると点 P_2 は $P_2'(x_2-x_1,\ y_2-y_1)$ となりますから，(1.2)より

$$\begin{vmatrix} x-x_1 & x_2-x_1 \\ y-y_1 & y_2-y_1 \end{vmatrix} = 0$$

となります．この行列式は次の行列式に変形できます．

$$\begin{vmatrix} x & x_1 & x_2 \\ y & y_1 & y_2 \\ 1 & 1 & 1 \end{vmatrix} = 0 \quad \text{または} \quad \begin{vmatrix} x & y & 1 \\ x_1 & y_1 & 1 \\ x_2 & y_2 & 1 \end{vmatrix} = 0 \tag{1.3}$$

これが2点 $P_1(x_1,\ y_1)$ と $P_2(x_2,\ y_2)$ を通る直線の方程式を表す行列式です．

問 1.1　2点(1, 2), (3, 5)を通る直線の方程式を求めよ．

1.2　三角形の面積

xy 平面上で原点 O と与えられた2点 $A(x_1,\ y_1)$, $B(x_2,\ y_2)$ の3点で作られる3角形の面積 S を求めることを考えてみよう．

いろいろな方法が考えられますが，ここでは線形代数的手法をフルに活用してみよう．

いま，原点 O のまわりで座標軸を回転して，新しい X 軸をベクトル $\overrightarrow{OA}$ に一致させます．ここでは直交座標系を考えていますから（今後，座標系はすべて直交座標系とします），これに垂直に Y 軸をとります．このとき，新しい座標軸に関して $\overrightarrow{OA}=(X_1,\ 0)$, $\overrightarrow{OB}=(X_2,\ Y_2)$ であるとすれば，求める面積 S は

$$S = \frac{1}{2}|\overrightarrow{OA}|\cdot|Y_2| = \frac{1}{2}|X_1Y_2| \tag{1.4}$$

となります(図1.1参照)

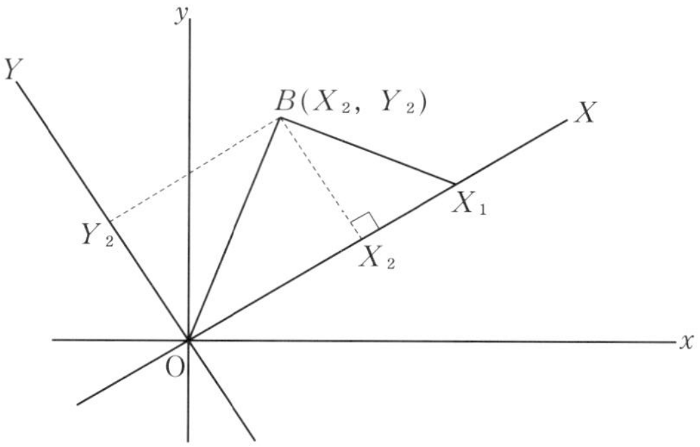

図1.1

ところで，一般に次のことが成り立ちます．

座標軸がO－xyの平面上のベクトル$\boldsymbol{a}$の成分が$(x,\ y)$で，座標軸を原点のまわりにθだけ回転したときの新しい座標軸O－XYでの$\boldsymbol{a}$の成分を$(X,\ Y)$とすると

$$\begin{pmatrix} X \\ Y \end{pmatrix} = \begin{pmatrix} \cos\theta & \sin\theta \\ -\sin\theta & \cos\theta \end{pmatrix} \begin{pmatrix} x \\ y \end{pmatrix}$$

です(証明は読者にゆだねます)．

このことを利用すれば,

$$\begin{pmatrix} X_1 & X_2 \\ 0 & Y_2 \end{pmatrix} = \begin{pmatrix} \cos\theta & \sin\theta \\ -\sin\theta & \cos\theta \end{pmatrix} \begin{pmatrix} x_1 & x_2 \\ y_1 & y_2 \end{pmatrix}$$

が成り立ちます．ここで，この両辺の行列式を作れば

$$\begin{vmatrix} X_1 & X_2 \\ 0 & Y_2 \end{vmatrix} = \begin{vmatrix} \cos\theta & \sin\theta \\ -\sin\theta & \cos\theta \end{vmatrix} \begin{vmatrix} x_1 & x_2 \\ y_1 & y_2 \end{vmatrix}$$

となり，したがって

$$X_1 Y_2 = \begin{vmatrix} x_1 & x_2 \\ y_1 & y_2 \end{vmatrix} \tag{1.5}$$

が得られます．ここで，(1.5)を(1.4)に代入すれば

$$S=\frac{1}{2}\begin{vmatrix} x_1 & x_2 \\ y_1 & y_2 \end{vmatrix}\text{の絶対値} \tag{1.6}$$

が求める面積であることがわかります．

次に，3点 A(x_1, y_1)，B(x_2, y_2)，C(x_3, y_3)を頂点とする3角形の面積を求めてみましょう．

点Aを原点に平行移動すると，他の2点の座標は(x_2-x_1, y_2-y_1)，(x_3-x_1, y_3-y_1)となります．これに(1.6)を適用すれば，求める面積Sは

$$S=\frac{1}{2}\begin{vmatrix} x_2-x_1 & x_3-x_1 \\ y_2-y_1 & y_3-y_1 \end{vmatrix}\text{の絶対値}$$

となります．ところで，

$$\begin{vmatrix} x_2-x_1 & x_3-x_1 \\ y_2-y_1 & y_3-y_1 \end{vmatrix}=\begin{vmatrix} 1 & 0 & 0 \\ x_1 & x_2-x_1 & x_3-x_1 \\ y_1 & y_2-y_1 & y_3-y_1 \end{vmatrix}$$
$$=\begin{vmatrix} 1 & 1 & 1 \\ x_1 & x_2 & x_3 \\ y_1 & y_2 & y_3 \end{vmatrix}$$

ですから，求める面積Sは

$$S=\frac{1}{2}\begin{vmatrix} 1 & 1 & 1 \\ x_1 & x_2 & x_3 \\ y_1 & y_2 & y_3 \end{vmatrix}\text{の絶対値} \tag{1.7}$$

あるいは

$$S=\frac{1}{2}\begin{vmatrix} 1 & x_1 & y_1 \\ 1 & x_2 & y_2 \\ 1 & x_3 & y_3 \end{vmatrix}\text{の絶対値} \tag{1.8}$$

というきれいな式で与えることができます．

問 1.2　平面上の 3 点 A(3, 1), B(−1, 2), C(1, 5) を頂点とする 3 角形の面積を求めよ.

1.3　3 点が 1 直線上にあるための条件，3 直線が同一点を通る条件

最初に 3 点 $A(x_1,\ y_1)$, $B(x_2,\ y_2)$, $C(x_3,\ y_3)$ が 1 直線上にある条件を求めてみよう.

3 点 A, B, C が 1 直線上にあれば(1.7)から

$$\begin{vmatrix} 1 & 1 & 1 \\ x_1 & x_2 & x_3 \\ y_1 & y_2 & y_3 \end{vmatrix} = 0 \tag{1.9}$$

となります. 逆にこの条件があれば, 3 点 A, B, C は 1 直線上にあることがわかります. したがって, (1.9) が 3 点 A, B, C が 1 直線上にあるための必要十分条件となります.

次に 3 つの直線

$$l_1 : a_1x + b_1y + c_1 = 0,$$
$$l_2 : a_2x + b_2y + c_2 = 0,$$
$$l_3 : a_2x + b_3y + c_3 = 0$$

が 1 点で交わる条件を求めてみよう.

3 つの直線の交点を $(x_0,\ y_0)$ とおき, $\boldsymbol{a} = \begin{pmatrix} a_1 \\ a_2 \\ a_3 \end{pmatrix}$, $\boldsymbol{b} = \begin{pmatrix} b_1 \\ b_2 \\ b_3 \end{pmatrix}$, $\boldsymbol{c} = \begin{pmatrix} c_1 \\ c_2 \\ c_3 \end{pmatrix}$ とおくと, $\boldsymbol{c} = -x_0\boldsymbol{a} - y_0\boldsymbol{b}$ が成り立ちます. よって

$$(\boldsymbol{a},\ \boldsymbol{b},\ \boldsymbol{c}) = (\boldsymbol{a},\ \boldsymbol{b},\ -x_0\boldsymbol{a} - y_0\boldsymbol{b})$$

となります. ところが, 行列式の性質より

$$|\boldsymbol{a},\ \boldsymbol{b},\ -x_0\boldsymbol{a}-y_0\boldsymbol{b}|=0$$

となりますから，

$$|\boldsymbol{a},\ \boldsymbol{b},\ \boldsymbol{c}|=0 \quad \text{すなわち} \quad \begin{vmatrix} a_1 & b_1 & c_1 \\ a_2 & b_2 & c_2 \\ a_3 & b_3 & c_3 \end{vmatrix}=0$$

が得られます．

逆に上記のことが成り立っているとしよう．このときベクトル $\boldsymbol{a}$, $\boldsymbol{b}$, $\boldsymbol{c}$ は1次従属になりますから，

$$x_0\boldsymbol{a}+y_0\boldsymbol{b}+\boldsymbol{c}=\boldsymbol{0}$$

を満たす x_0, $y_0 \in \boldsymbol{R}$ が存在します．これを

$$x\boldsymbol{a}+y\boldsymbol{b}+\boldsymbol{c}=\boldsymbol{0}$$

に代入すると

$$x\boldsymbol{a}+y\boldsymbol{b}-(x_0\boldsymbol{a}+y_0\boldsymbol{b})=\boldsymbol{0}$$

すなわち

$$(x-x_0)\boldsymbol{a}+(y-y_0)\boldsymbol{b}=\boldsymbol{0}$$

が得られます．

もし $\boldsymbol{a}$ と $\boldsymbol{b}$ が1次独立ならば，$x=x_0$, $y=y_0$ となり，$(x_0,\ y_0)$ が3直線 l_1, l_2, l_3 の交点となることがわかります．

$\boldsymbol{a}$ と $\boldsymbol{b}$ が1次従属とすると

$$\boldsymbol{b}=-k\boldsymbol{a}$$

を満たす $k \in \boldsymbol{R}$ が存在しますから，この場合は3直線がすべて平行となります．

よって，次の結果が得られます．

3直線 l_1, l_2, l_3 が1点で交わるかまたはすべて平行であるための必要十分条件は

$$\begin{vmatrix} a_1 & b_1 & c_1 \\ a_2 & b_2 & c_2 \\ a_3 & b_3 & c_3 \end{vmatrix}=0 \tag{1.10}$$

である．

問 1.3　xy 平面上の 3 直線 $x+y-3=0$, $2x+ay-4=0$, $x-3y+4=0$ が 1 点で交わるように定数 a の値を定めよ.

1.4　平行六面体の体積, 四面体の体積

最初にベクトルの外積の復習をしておきましょう. ここでは, 3 次元空間に話を限定して進めます.

平行でない 2 つのベクトルを $\boldsymbol{a}$, $\boldsymbol{b}$ とし, $\boldsymbol{a}=\overrightarrow{\mathrm{OP}}$, $\boldsymbol{b}=\overrightarrow{\mathrm{OQ}}$ とします. OP, OQ を 2 隣辺とする平行 4 辺形の面積をその大きさとし, 180°以内の回転で OP と OQ が重なるように OP を O のまわりに回転するとき右ネジ (普通のネジ) が進む方向を向きとして持つベクトルをベクトル $\boldsymbol{a}$, $\boldsymbol{b}$ の**外積** (または**ベクトル積**) と言い, これを $\boldsymbol{a}\times\boldsymbol{b}$ で表します (図 1.2 参照). なお, このとき $(a,\ b,\ a\times b)$ は**右手系**をなすとも言います.

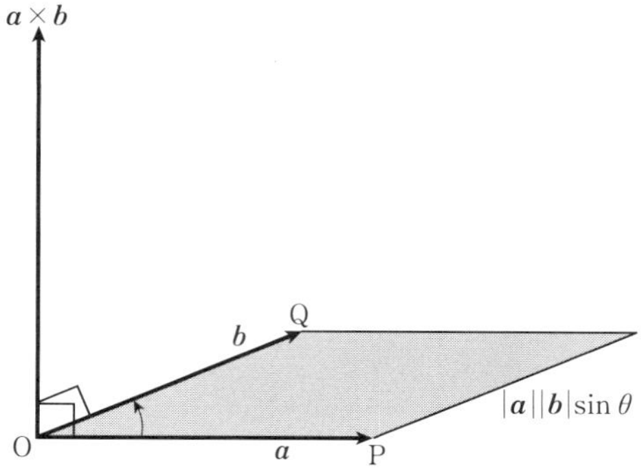

図 1.2

$\boldsymbol{a}$ と $\boldsymbol{b}$ が平行, あるいは $\boldsymbol{a}=\boldsymbol{0}$ あるいは $\boldsymbol{b}=\boldsymbol{0}$ のときは $\boldsymbol{a}\times\boldsymbol{b}=\boldsymbol{0}$ と定めます. ここで $\boldsymbol{0}$ は零ベクトルのことです.

$\boldsymbol{a}={}^t(a_1,\ a_2,\ a_3)$,　$\boldsymbol{b}={}^t(b_1,\ b_2,\ b_3)$ のときは

$$\boldsymbol{a}\times\boldsymbol{b}=\begin{pmatrix}a_2b_3-a_3b_2\\a_3b_1-a_1b_3\\a_1b_2-a_2b_1\end{pmatrix}$$

となりなす．ここに，${}^t(a_1,\ a_2,\ a_3)$ はベクトル $(a_1,\ a_2,\ a_3)$ の転置を意味します．

この表示はこのままでは使用しにくいので，通常は次のように（形式的に）行列式を用いて表現します．

$$\boldsymbol{a}\times\boldsymbol{b}=\begin{vmatrix}\boldsymbol{e}_1 & \boldsymbol{e}_2 & \boldsymbol{e}_3\\a_1 & a_2 & a_3\\b_1 & b_2 & b_3\end{vmatrix},$$

ここに，$\boldsymbol{e}_1={}^t(1,0,0)$，$\boldsymbol{e}_2={}^t(0,1,0)$，$\boldsymbol{e}_3={}^t(0,0,1)$ です．

復習はこのくらいにして，ベクトル $\boldsymbol{a}$, $\boldsymbol{b}$, $\boldsymbol{c}$ を３辺とする平行６面体の体積Ｖを求めてみよう（図 1.3 参照）．

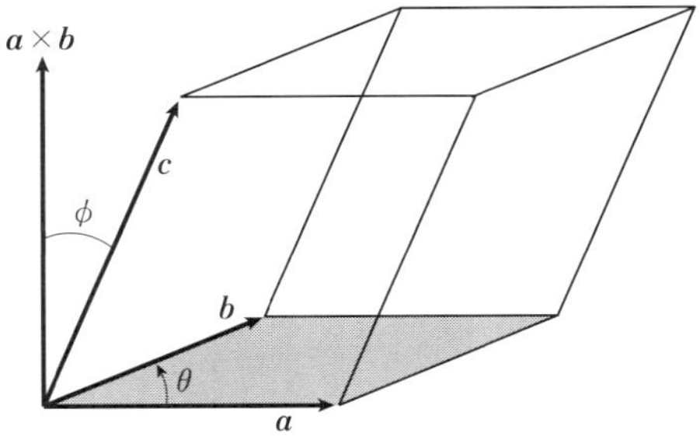

図 1.3

体積 V は底面積×高さであるから，ベクトル $\boldsymbol{a}$, $\boldsymbol{b}$ のなす角を θ とすれば，底面積は $|\boldsymbol{a}\times\boldsymbol{b}|$ で，$a\times b$ と $\boldsymbol{c}$ の作る角を ϕ とすれば，高さは $||\boldsymbol{c}|\cos\phi|$ となります．よって，

$$V=|\boldsymbol{a}\times\boldsymbol{b}|\times||\boldsymbol{c}|\cos\phi|$$

となり，これをベクトルの内積（内積を・で表す）を用いて書くと

$$V=(\boldsymbol{a}\times\boldsymbol{b})\cdot\boldsymbol{c}\ \text{の絶対値} \tag{1.11}$$

となります．

いま，$\boldsymbol{a} = {}^t(a_1,\ a_2,\ a_3)$，$\boldsymbol{b} = {}^t(b_1,\ b_2,\ b_3)$，$\boldsymbol{c} = {}^t(c_1,\ c_2,\ c_3)$ としよう．

このとき，(1.11)を利用して平行6面体の体積 V を ベクトルの成分を用いて表してみましょう．

$$\boldsymbol{a} \times \boldsymbol{b} = \begin{vmatrix} \boldsymbol{e}_1 & \boldsymbol{e}_2 & \boldsymbol{e}_3 \\ a_1 & a_2 & a_3 \\ b_1 & b_2 & b_3 \end{vmatrix} = {}^t\left(\begin{vmatrix} a_2 & a_3 \\ b_2 & b_3 \end{vmatrix},\ -\begin{vmatrix} a_1 & a_3 \\ b_1 & b_3 \end{vmatrix},\ \begin{vmatrix} a_1 & a_2 \\ b_1 & b_2 \end{vmatrix} \right)$$

であり，$\boldsymbol{c} = {}^t(c_1,\ c_2,\ c_3)$ ですから，2つのベクトル $\boldsymbol{a} \times \boldsymbol{b}$，$\boldsymbol{c}$ の内積は

$$(\boldsymbol{a} \times \boldsymbol{b}) \cdot \boldsymbol{c} = c_1 \begin{vmatrix} a_2 & a_3 \\ b_2 & b_3 \end{vmatrix} - c_2 \begin{vmatrix} a_1 & a_3 \\ b_1 & b_3 \end{vmatrix} + c_3 \begin{vmatrix} a_1 & a_2 \\ b_1 & b_2 \end{vmatrix} = \begin{vmatrix} a_1 & a_2 & a_3 \\ b_1 & b_2 & b_3 \\ c_1 & c_2 & c_3 \end{vmatrix}$$

となります．よって，求める体積 V は

$$V = \begin{vmatrix} a_1 & a_2 & a_3 \\ b_1 & b_2 & b_3 \\ c_1 & c_2 & c_3 \end{vmatrix} \text{の絶対値} \tag{1.12}$$

となります．

次にベクトル $\boldsymbol{a}$, $\boldsymbol{b}$, $\boldsymbol{c}$ を3辺とする4面体の体積 T を求めてみよう．

それは図1.4からわかるようにベクトル $\boldsymbol{a}$, $\boldsymbol{b}$, $\boldsymbol{c}$ を3辺とする平行6面体の体積 V の $\dfrac{1}{6}$ となります．したがって，

$$T = \frac{1}{6} \begin{vmatrix} a_1 & a_2 & a_3 \\ b_1 & b_2 & b_3 \\ c_1 & c_2 & c_3 \end{vmatrix} \text{の絶対値} \tag{1.13}$$

となることがわかります．

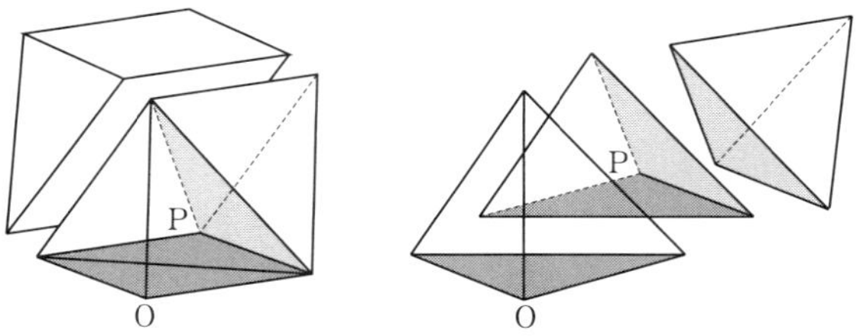

図 1.4

(1.13) を利用して，より一般に空間の 4 点 $(a_1,\ b_1,\ c_1)$, $(a_2,\ b_2,\ c_2)$, $(a_3,\ b_3,\ c_3)$, $(a_4,\ b_4,\ c_4)$ を頂点とする 4 面体の体積を求めてみよう．

$(a_1,\ b_1,\ c_1)$ を原点に平行移動すると，他の頂点の座標は $(a_i-a_1,\ b_i-b_1,\ c_i-c_1)$ $(i=2,3,4)$ となります．よって，求める体積を V とすれば, (1.13) より

$$V=\frac{1}{6}\begin{vmatrix} a_2-a_1 & a_3-a_1 & a_4-a_1 \\ b_2-b_1 & b_3-b_1 & b_4-b_1 \\ c_2-c_1 & c_3-c_1 & c_4-c_1 \end{vmatrix} \text{の絶対値}$$

となります．ところで

$$\begin{vmatrix} a_2-a_1 & a_3-a_1 & a_4-a_1 \\ b_2-b_1 & b_3-b_1 & b_4-b_1 \\ c_2-c_1 & c_3-c_1 & c_4-c_1 \end{vmatrix}$$

$$=\begin{vmatrix} 1 & 0 & 0 & 0 \\ a_1 & a_2-a_1 & a_3-a_1 & a_4-a_1 \\ b_1 & b_2-b_1 & b_3-b_1 & b_4-b_1 \\ c_1 & c_2-c_1 & c_3-c_1 & c_4-c_1 \end{vmatrix}$$

$$=\begin{vmatrix} 1 & 1 & 1 & 1 \\ a_1 & a_2 & a_3 & a_4 \\ b_1 & b_2 & b_3 & b_4 \\ c_1 & c_2 & c_3 & c_4 \end{vmatrix}$$

ですから，求める体積 V は

$$V = \frac{1}{6}\begin{vmatrix} 1 & 1 & 1 & 1 \\ a_1 & a_2 & a_3 & a_4 \\ b_1 & b_2 & b_3 & b_4 \\ c_1 & c_2 & c_3 & c_4 \end{vmatrix} \text{の絶対値} \qquad (1.14)$$

という美しい式で表されます.

問 1.4

$\boldsymbol{a} = {}^t(1,2,3)$, $\boldsymbol{b} = {}^t(-1,1,3)$, $\boldsymbol{c} = {}^t(1,-2,-1)$ とするとき，次を求めよ.

(1) $\boldsymbol{a}$, $\boldsymbol{b}$, $\boldsymbol{c}$ を 3 辺とする平行 6 面体の体積.

(2) $\boldsymbol{a}$, $\boldsymbol{b}$, $\boldsymbol{c}$ を 3 辺とする 4 面体の体積

問 1.5

$$A(2,0,3),\ B(1,1,-1),\ C(-3,2,-3),\ D(5,2,4)$$

を頂点とする 4 面体の体積を求めよ.

1.5　3 点を通る平面の方程式

最後に(1.14)を利用して同一直線上にない 3 点 $(x_1,\ y_1,\ z_1)$, $(x_2,\ y_2,\ z_2)$, $(x_3,\ y_3,\ z_3)$ を通る平面 Π の方程式を求めてみよう.

平面 Π 上の任意の点 P の座標を $(x,\ y,\ z)$ とします. このとき, 4 点 A, B, C, P は同一平面上にありますから, 4 点 A, B, C, P を頂点とする 4 面体の体積は 0 となります. よって, (1.14)より, 求める Π の方程式は

$$\begin{vmatrix} 1 & 1 & 1 & 1 \\ x & x_1 & x_2 & x_3 \\ y & y_1 & y_2 & y_3 \\ z & z_1 & z_2 & z_3 \end{vmatrix} = 0 \qquad (1.15)$$

または

$$\begin{vmatrix} x & y & z & 1 \\ x_1 & y_1 & z_1 & 1 \\ x_2 & y_2 & z_2 & 1 \\ x_3 & y_3 & z_3 & 1 \end{vmatrix} = 0 \tag{1.15)'$$

となります．

問 1.6　座標空間 O − xyz において，平面 Π の x 軸，y 軸，z 軸との交点がそれぞれ A(1, 0, 0)，B(0, 2, 0)，C(0, 0, 1) とする．次の各問に答えよ．

(1) 平面 Π に垂直な単位ベクトル(大きさ 1 の法線ベクトル)を求めよ．

(2) 平面 Π の方程式を求めよ．

(3) △ ABC の面積を求めよ．

---

§2 2次曲線を描く

ここでは，一般の2次曲線すなわち

$$ax^2 + 2hxy + by^2 + 2fx + 2gy + c = 0 \tag{2.1}$$

の形の x, y に関する2次方程式で表される図形の概形を描くことを学びましょう．

高校等では，放物線，楕円，双曲線の標準形についてはかなり詳しく学びますが，一般の2次曲線については，ほんの少し学ぶ程度で終わっています．

一方，大学等での線形代数の授業では，時間的な制約があり，2次形式の標準形までは学びますが，一般2次曲線のグラフを描くことまでのゆとりがないのが現状ではないでしょうか．

そのようなわけで，紙面の許す限り詳しく一般2次曲線の概形を描く話をします．

2.1 2次曲線の標準形

2次曲線の標準形については，高校等で既に学習済みですが，一般論を展開する都合上復習しておきましょう．

1° 放物線

p を零でない定数とするとき，方程式

$$y^2 = 4px \tag{2.2}$$

で与えられる曲線は，頂点を原点として，$\mathrm{F}(p,\ 0)$ を焦点，直線 $x = -p$ を

準線にもつ放物線です．$p>0$ のときは，図 2.1 のようになります．

放物線(2.2)は「焦点と準線から等距離にあるような点の軌跡」です．

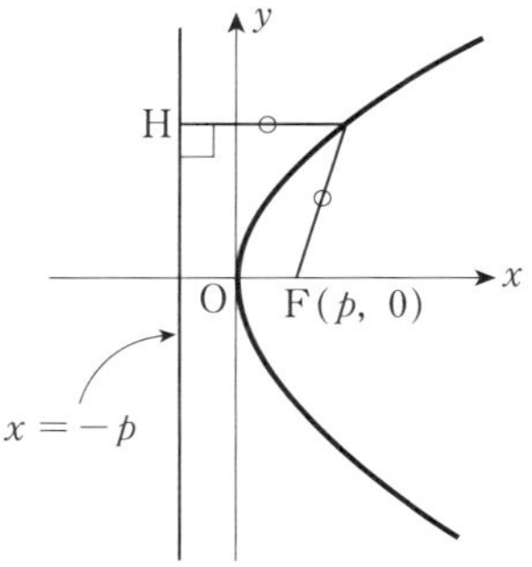

図 2.1

2° 楕円

a, b は正の定数とします．方程式

$$\frac{x^2}{a^2}+\frac{y^2}{b^2}=1 \tag{2.3}$$

で表される曲線は楕円(だ円)です．話の都合上 $a>b$ と仮定します．($a<b$ のときも同様です．また $a=b$ のときは，原点を中心とする半径 a の円になります)．

いま，$c=\sqrt{a^2-b^2}$ とします．このとき，2 点 F(c, 0), F′($-c$, 0) をこの楕円の焦点と言います．楕円(2.3)は「2 焦点からの距離の和が一定 ($2a$) である点の軌跡」です(図 2.2 参照)．

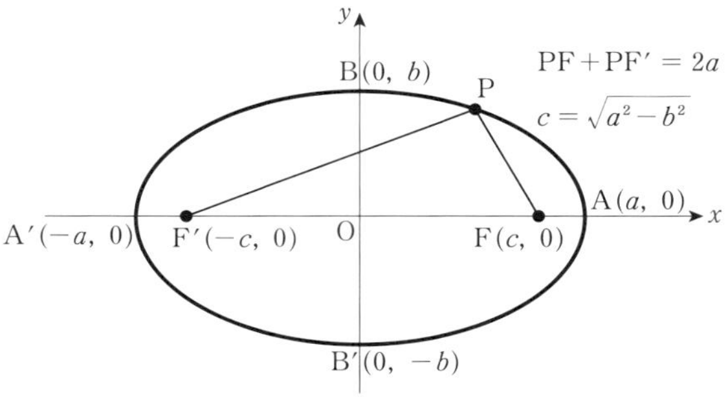

図2.2

3° 双曲線

a, b は正の定数とします．方程式

$$\frac{x^2}{a^2}-\frac{y^2}{b^2}=1 \tag{2.4}$$

で表される曲線は双曲線です．$c=\sqrt{a^2+b^2}$ とするとき，2点 F$(c,\ 0)$, F$'(-c,\ 0)$ をこの双曲線の焦点と言います．双曲線 (2.4) は「2焦点からの距離の差が一定 $(2a)$ である点の軌跡」です．2つの直線

$$y=\frac{b}{a}x,\quad y=-\frac{b}{a}x$$

はこの双曲線の漸近線になっています(図2.3参照)．

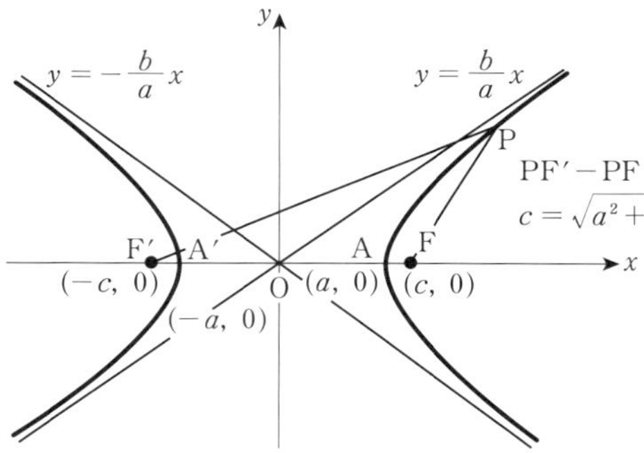

図2.3

復習はこの位にして，話を先に進めましょう．

2.2　2次曲線の行列表示

2次曲線を表す方程式(2.1)の左辺をF$(x,\ y)$で表します．すなわち，

$$\mathrm{F}(x,\ y)=ax^2+2hxy+by^2+2fx+2gy+c$$

とおきます．F$(x,\ y)$を行列を用いて表してみましょう．

$$\begin{aligned}\mathrm{F}(x,\ y)&=x(ax+hy)+y(by+hx)+2fx+2gy+c\\&=(x\quad y)\begin{pmatrix}ax+hy\\hx+by\end{pmatrix}+2(f\quad g)\begin{pmatrix}x\\y\end{pmatrix}+c\\&=(x\quad y)\begin{pmatrix}a&h\\h&b\end{pmatrix}\begin{pmatrix}x\\y\end{pmatrix}+2(f\quad g)\begin{pmatrix}x\\y\end{pmatrix}+c\end{aligned}$$

と変形できます．したがって，$\boldsymbol{x}=\begin{pmatrix}x\\y\end{pmatrix}$, $A=\begin{pmatrix}a&h\\h&b\end{pmatrix}$, $\boldsymbol{b}=\begin{pmatrix}f\\g\end{pmatrix}$とおくと，方程式(2.1)は

$$^t\boldsymbol{x}A\boldsymbol{x}+2\,^t\boldsymbol{b}\boldsymbol{x}+c=0 \tag{2.5}$$

と簡明に表すことができます．

この式のAのことを2次式$\mathbf{F}(\boldsymbol{x},\ \boldsymbol{y})$の**係数行列**あるいは**2次曲線の係数行列**と呼ぶことにします．また

$$\widetilde{A}=\begin{pmatrix}A&\boldsymbol{b}\\^t\boldsymbol{b}&c\end{pmatrix}=\begin{pmatrix}a&h&f\\h&b&g\\f&g&c\end{pmatrix}\quad \widetilde{\boldsymbol{x}}=\begin{pmatrix}x\\y\\1\end{pmatrix}$$

とおくと，方程式(2.1)は

$$^t\widetilde{\boldsymbol{x}}\widetilde{A}\widetilde{\boldsymbol{x}}=0$$

と表すこともできます．

F$(x,\ y)$の係数行列Aは対称行列です．成分がすべて実数である対称行列は実対称行列と呼ばれています．「実対称行列は直交行列で対角化可能」ですから，上記の$^t\boldsymbol{x}A\boldsymbol{x}$は，適当な直交変換$\boldsymbol{x}=TX$ $\left(X=\begin{pmatrix}X\\Y\end{pmatrix}\right)$で

$$^t\boldsymbol{x}A\boldsymbol{x}=\lambda_1X^2+\lambda_2Y^2 \tag{2.6}$$

と表すことができます．ここに，λ_1, λ_2 は係数行列 A の固有値です．

また，一般に A が実対称行列のときには次のことが成り立ちます．

(1) 固有ベクトルとして成分がすべて実数であるベクトルを選ぶことができる．

(2) 異なる固有値に属する固有ベクトルは互いに直交している．

上記の事実は，今後たびたび利用することになります．

問2.1　次の2次曲線の方程式の係数行列を求めよ．

(1) $3x^2 - 2xy + 3y^2 - 8 = 0$

(2) $x^2 - 24xy - 6y^2 + 28x - 36y + 16 = 0$

2.3　2次曲線の中心

ここでは，2次曲線の方程式が表す図形を描くための準備を行います．

2次曲線 F が点 $\mathrm{P}_0(x_0,\ y_0)$ に関して対称であるとき，点 P_0 を F の**中心**と言います．ただし，F は空集合でないとします．中心がただ1つあるとき**有心2次曲線**，そうでないとき，すなわち中心が無数にあるか，あるいは無いときを**無心2次曲線**と言います．

例えば，楕円(2.3)は有心2次曲線で中心は(0, 0)です．放物線(2.2)は中心がないので無心2次曲線です．

ここで，2次曲線 F が原点 O(0, 0) を中心に持つための条件を求めてみよう．

原点 O が2次曲線 F の中心とすると，点 $(x,\ y)$ が F 上にあれば，点 $(-x,\ -y)$ も F 上にあります．よって，F 上の任意の点 $(x,\ y)$ に対して

$$\mathrm{F}(x,\ y) = \mathrm{F}(-x,\ -y)$$

が成り立ちます．したがって，方程式(2.1)あるいは(2.5)より

$$^t\boldsymbol{b}\boldsymbol{x} = 0 \tag{2.7}$$

が得られます．一般には，F 上の点 $\mathrm{P}_1, \mathrm{P}_2$ を適当に選んでベクトル $\overrightarrow{\mathrm{OP}_1}$，$\overrightarrow{\mathrm{OP}_2}$ が1次独立になるようにすることができます．それらについて式(2.7)が成り立ちますから

$$\boldsymbol{b} = \boldsymbol{0}$$

が得られます．逆に $\boldsymbol{b} = \boldsymbol{0}$ であれば，明らかに原点Oは2次曲線Fの中心であることがわかります．よって，次のことが得られたことになります．

$$\text{原点 O は 2 次曲線 } F \text{ の中心} \Longleftrightarrow \boldsymbol{b} = \boldsymbol{0} \tag{2.8}$$

ここに,「$\Longleftrightarrow$」は必要十分条件を意味します．

次に，$\mathrm{P}_0(x_0,\ y_0)$ が2次曲線 F の中心になるための条件を求めてみましょう．

それは，点 P_0 を原点とするように座標軸を平行移動したとき,「P_0 が中心となる」ことにほかなりません．

このことは，(2.5)に変数変換 $\boldsymbol{x} = \boldsymbol{X} + \boldsymbol{x}_0$ $\left(\boldsymbol{X} = \begin{pmatrix} X \\ Y \end{pmatrix},\ \boldsymbol{x}_0 = \begin{pmatrix} x_0 \\ y_0 \end{pmatrix}\right)$ を施すことです．式(2.5)に $\boldsymbol{x} = \boldsymbol{X} + \boldsymbol{x}_0$ を代入すると

$$^t(\boldsymbol{X} + \boldsymbol{x}_0)A(\boldsymbol{X} + \boldsymbol{x}_0) + 2\,{}^t\boldsymbol{b}(\boldsymbol{X} + \boldsymbol{x}_0) + c = 0$$

となります．この式は，${}^t\boldsymbol{x}_0 A\boldsymbol{X} = {}^t\boldsymbol{X}A\boldsymbol{x}_0$ であることに注意すれば，

$$^t\boldsymbol{X}A\boldsymbol{X} + 2\,{}^t\boldsymbol{b}'\boldsymbol{X} + c' = 0 \tag{2.9}$$

となります．ここに，$\boldsymbol{b}' = A\boldsymbol{x}_0 + \boldsymbol{b}$, $c' = {}^t\boldsymbol{x}_0 A\boldsymbol{x}_0 + 2\,{}^t\boldsymbol{b}\boldsymbol{x}_0 + c$ です．よって,(2.8)より，次のことが得られます．

$$\mathrm{P}_0(x_0,\ y_0) \text{ は 2 次曲線 } F \text{ の中心} \Longleftrightarrow A\boldsymbol{x}_0 + \boldsymbol{b} = \boldsymbol{0} \tag{2.10}$$

このことは，方程式 $A\boldsymbol{x}_0 = -\boldsymbol{b}$ が一意解(ただ1組の解)を持つならば2次曲線 F は中心を持つことを示しています．

ところで，A を $m \times n$ 行列とするとき，連立1次方程式 $A\boldsymbol{x} = \boldsymbol{b}$ ついては次のことが成り立ちます．

(1) $A\boldsymbol{x}=\boldsymbol{b}$ が一意解を持つ $\Longleftrightarrow \mathrm{rank}\,A=\mathrm{rank}[A,\ \boldsymbol{b}]=n$
(2) $A\boldsymbol{x}=\boldsymbol{b}$ が無数に解を持つ $\Longleftrightarrow \mathrm{rank}\,A=\mathrm{rank}[A,\ \boldsymbol{b}]<n$
(3) $A\boldsymbol{x}=\boldsymbol{b}$ が解をも持たない $\Longleftrightarrow \mathrm{rank}\,A<\mathrm{rank}[A,\ \boldsymbol{b}]$
ここに，$\mathrm{rank}\,A$ は A の階数のことである．

このことから，2次曲線 F は $\mathrm{rank}\,A=2$ のときに限り中心を持つことがわかります．

このことを利用して，2次曲線の概形を描く話にうつりましょう．

問2.2　問題2.1の(2)が中心を持つかどうかを調べ，持つならばそれを求めよ．

2.4　2次曲線の概形を描く

(A) **$\mathrm{rank}A=2$ のとき．**

この場合，2次曲線 F は中心 $\mathrm{P}_0(x_0,\ y_0)$ を持ちます．それは方程式

$$A\boldsymbol{x}=-\boldsymbol{b}\ \left(A=\begin{pmatrix} a & h \\ h & b \end{pmatrix},\ \boldsymbol{b}=\begin{pmatrix} f \\ g \end{pmatrix}\right)$$

の解です．$|A|\neq 0$ ですから，クラメルの公式を用いてこの方程式を解くと

$$x_0=-\begin{vmatrix} f & h \\ g & b \end{vmatrix}/|A|,\quad y_0=-\begin{vmatrix} a & f \\ h & g \end{vmatrix}/|A| \tag{2.11}$$

となります．ここで，座標軸を平行移動して，原点を中心 P_0 に移動しよう．そして，中心を O' で表すことにします．

原点を中心に移動するすることは，(2.5) に変数変換 $\boldsymbol{x}=\boldsymbol{X}+\boldsymbol{x}_0$ $\left(\boldsymbol{X}=\begin{pmatrix} X \\ Y \end{pmatrix},\ \boldsymbol{x}_0=\begin{pmatrix} x_0 \\ y_0 \end{pmatrix}\right)$ を施すことですから，(2.9) と (2.10) より

$${}^t\boldsymbol{X}A\boldsymbol{X}=-c'$$

が得られます．ここに，$c'={}^t\boldsymbol{x}_0A\boldsymbol{x}_0+2\,{}^t\boldsymbol{b}\boldsymbol{x}_0+c$ です．ところで，

$A\boldsymbol{x}_0 = -\boldsymbol{b}$, ${}^t\boldsymbol{b} = (f \quad g)$ ですから

$$c' = -{}^t\boldsymbol{x}_0\boldsymbol{b} + 2\,{}^t\boldsymbol{b}\boldsymbol{x}_0 + c = fx_0 + gy_0 + c$$

となります．よって，(2.11)から

$$aX^2 + 2hXY + bY^2 = -\frac{|\widetilde{A}|}{|A|} \tag{2.12}$$

が得られます．ここに，$|\widetilde{A}| = \begin{vmatrix} a & h & f \\ h & b & g \\ f & g & c \end{vmatrix}$ です．

(2.12)は適当な直交変換 $\boldsymbol{X} = T\boldsymbol{x}'$ $\left(\boldsymbol{x}' = \begin{pmatrix} x' \\ y' \end{pmatrix},\ \boldsymbol{X} = \begin{pmatrix} X \\ Y \end{pmatrix}\right)$ により

$$\lambda_1 x'^2 + \lambda_2 y'^2 = -\frac{|\widetilde{A}|}{|A|} \tag{2.13}$$

となります．λ_1, λ_2 は係数行列 A の固有値です．

したがって，グラフの概形は，O′を原点とする新しい直交座標軸を定めて，そこに方程式(2.13)で表される標準形を描くことにより得られます．

なお，新しい座標軸は直交変換を表す行列 T の列ベクトルから得られます．

例 2.1　次の方程式で表される 2 次曲線の概形を描け． $3x^2 - 2xy + 3y^2 - 8 = 0$

解　$|A| = \begin{vmatrix} 3 & -1 \\ -1 & 3 \end{vmatrix} = 8 \neq 0$ から，中心は存在し，それは明らかに (0, 0) である．A の固有値は

$$\phi_A(\lambda) = |\lambda E - A| = \begin{vmatrix} \lambda - 3 & 1 \\ 1 & \lambda - 3 \end{vmatrix}$$

より，2, 4 である．固有値 2, 4 に属するそれぞれの単位固有ベクトル（の 1 つ）は $\boldsymbol{p}_1 = \dfrac{1}{\sqrt{2}}\begin{pmatrix} 1 \\ 1 \end{pmatrix}$, $\boldsymbol{p}_2 = \dfrac{1}{\sqrt{2}}\begin{pmatrix} -1 \\ 1 \end{pmatrix}$ である．ここで，$T = \dfrac{1}{\sqrt{2}}\begin{pmatrix} 1 & -1 \\ 1 & 1 \end{pmatrix}$ とし，直交変換 $\boldsymbol{x} = T\boldsymbol{X}$ を施すと

$$2X^2+4Y^2=8 \text{ すなわち } \frac{X^2}{4}+\frac{Y^2}{2}=1 \tag{2.14}$$

を得る．

以上の過程を図示するには，中心O(0, 0)を始点とするベクトル $\boldsymbol{p}_1$, $\boldsymbol{p}_2$ をそれぞれ X, Y 軸とその正の方向を定めるベクトルとし，この座標軸に関して標準形で表される楕円(2.14)を描けばよい．図2.4の C はその概形である．

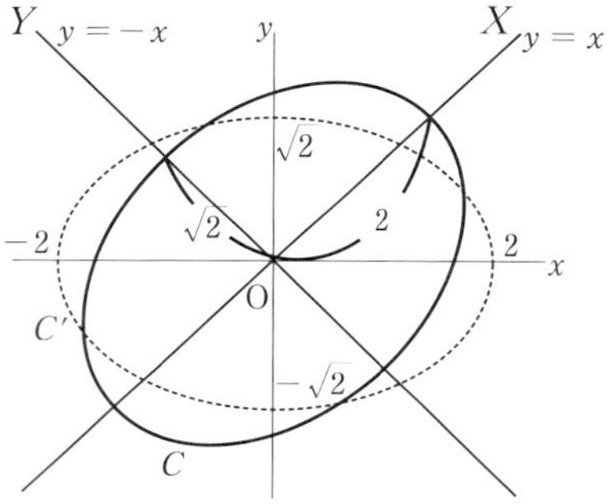

図2.4

(B) **rank** $\boldsymbol{A}=\mathbf{1}$ のとき

この場合は $|A|=0$ となります．ところで，A の固有値が λ_1, λ_2 のとき $|A|=\lambda_1\lambda_2$ ですから，A の固有値のどちらか一方は0になります．(両方とも0ということは，2次曲線の方程式の定義から，rank $A \geqq 1$ なので，あり得ません)．そこで，$\lambda_1 \neq 0$ と仮定しよう($\lambda_2 \neq 0$ のときも全く同様です)．(2.6)より適当な直交変換 $\boldsymbol{x}=T\boldsymbol{X}$ で，方程式(2.1)は

$$\lambda_1 X^2+2f'X+2g'Y+c'=0 \tag{2.15}$$

あるいは

$$\lambda_1 Y^2+2f'X+2g'Y+c'=0 \tag{2.16}$$

の形になります．座標軸の平行移動で(2.15), (2.16)はそれぞれ

$$x^2+py=0 \quad \text{あるいは} \quad y^2+qy=0$$

の形にすることができるのでグラフを描くことができます．

例 2.2　次の方程式で表される2次曲線の概形を描け．

$$4x^2-4xy+y^2+6x-8y+3=0$$

解　$A=\begin{pmatrix}4 & -2\\ -2 & 1\end{pmatrix}$ であるから，$|A|=0$．よって，中心は存在しない．A の固有値は 0, 5 で，これらに属する単位固有ベクトル(の1つ)は $\boldsymbol{p}_1=\frac{1}{\sqrt{5}}\begin{pmatrix}1\\2\end{pmatrix}$，$\boldsymbol{p}_2=\frac{1}{\sqrt{5}}\begin{pmatrix}-2\\1\end{pmatrix}$ である．ここで，与式に直交変換 $\boldsymbol{x}=T\boldsymbol{x}'$ $\left(T=(\boldsymbol{p}_1\ \ \boldsymbol{p}_2),\ \boldsymbol{x}'=\begin{pmatrix}x'\\y'\end{pmatrix}\right)$ を施すと

$$5y'^2-2\sqrt{5}\,x'-4\sqrt{5}\,y'+3=0$$

となる．この式は

$$\left(y'-\frac{2}{\sqrt{5}}\right)^2=\frac{2}{\sqrt{5}}\left(x'+\frac{1}{2\sqrt{5}}\right) \qquad (2.17)$$

と変形できる．ここで，原点Oが $\mathrm{O}'\left(-\frac{1}{2\sqrt{5}},\ \frac{2}{\sqrt{5}}\right)$ となるように，(2.17) に変数変換 $x'=X-\frac{1}{2\sqrt{5}}$，$y'=Y+\frac{2}{\sqrt{5}}$ をほどこせば

$$Y^2=\frac{2}{\sqrt{5}}X \qquad (2.18)$$

が得られる．

以上の過程を図示するには，中心 O′を始点とするベクトル $\boldsymbol{p}_1$, $\boldsymbol{p}_2$ をそれぞれ X, Y 軸とその正の方向を定めるベクトルとし，この座標軸に関して標準形で表される放物線(2.18)を描けばよい(図 2.5 参照)．

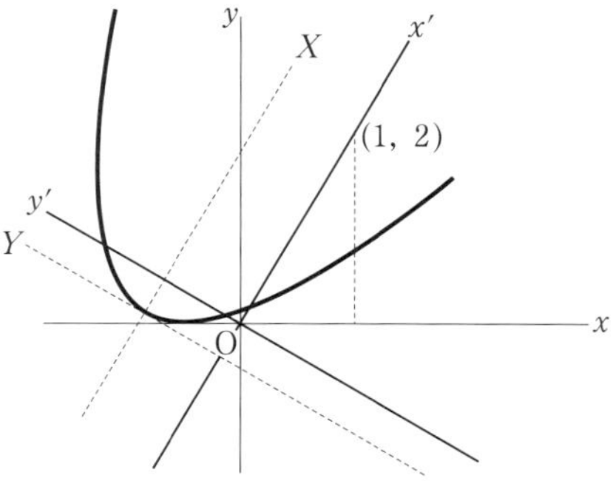

図2.5

方程式(2.1)の表す図形は，放物線，楕円，双曲線に限るのだろうか．

その答は(2.13)と(2.15)(あるいは(2.16))から導くことができます．例えば(2.13)の式で $\lambda_1>0$, $\lambda_2>0$, $|A|>0$, $|\widetilde{A}|<0$ ならば，楕円になります．また， $\lambda_1>0$, $\lambda_2>0$, $|A|>0$, $|\widetilde{A}|>0$ ならば，実在する図形は存在しません．

このように調べていけば，例外(実在する図形は存在しない，交わる2直線，平行な2直線，重なる2直線，1点)を除いて3つの標準形のどれかになることがわかります．

問2.3　次の2次曲線の標準形を求め，さらに曲線の概形を描け．

(1) $x^2+10xy+y^2-12x-12y-24=0$

(2) $x^2-2xy+y^2-8x+8=0$

§3 2次曲面を分類する

2次曲面は多変数の微積分でしばしば登場します．ところが，線形代数等の授業で2次曲面について学ぶ機会は思いの外少ないように思われます．

そこで，本節では2次曲面の話を出来るだけわかりやすく丁寧に述べることにします．

3.1 2次曲面の標準形

ここでは，当然のことですが3次元空間の話で，扱う座標軸はすべて直交座標軸とします．

$\mathrm{O}-xyz$ 空間（原点が O で座標が $(x,\ y,\ z)$ で表されている3次元空間）において，$x,\ y,\ z$ に関する2次方程式

$$ax^2+by^2+cz^2+2fyz+2gzx+2hxy+2lx+2my+2nz+d=0 \tag{3.1}$$

で表される図形を**2次曲面**と言います．

ここでは，2次曲面の標準形と呼ばれている9種類の曲面について述べましょう．

(1) 楕円面

方程式 $\dfrac{x^2}{a^2}+\dfrac{y^2}{b^2}+\dfrac{z^2}{c^2}=1$ $(a>0,\ b>0,\ c>0)$ で表される曲面を**楕円面**と言います．それはラクビーのボールのような形をしています（図3.1(a)）．

(2) 一葉双曲面

方程式 $\dfrac{x^2}{a^2}+\dfrac{y^2}{b^2}-\dfrac{z^2}{c^2}=1$ $(a>0,\ b>0,\ c>0)$ で表される曲面を**一葉双曲面**と言います．それは日本の伝統的な鼓（つづみ）のような形をしている曲面です（図 3.1(b)）．

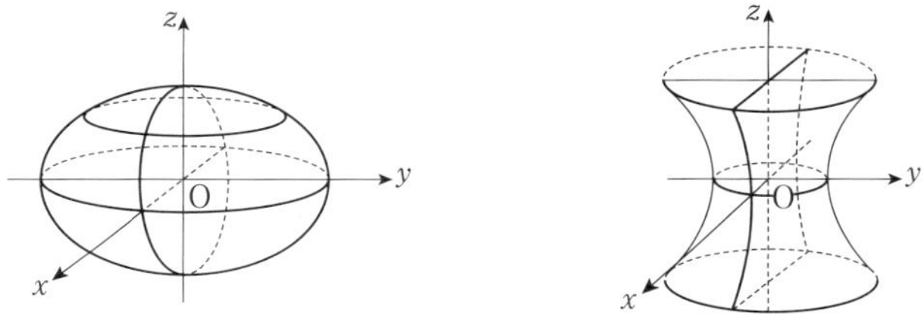

楕円面　(a)

一葉双曲面　(b)

図 3.1

(3) 二葉双曲面

方程式 $\dfrac{x^2}{a^2}-\dfrac{y^2}{b^2}-\dfrac{z^2}{c^2}=1$ $(a>0,\ b>0,\ c>0)$ で表される曲面は**二葉双曲面**と呼ばれています（図 3.2(a)）．

(4) 2 次錐面

方程式 $\dfrac{x^2}{a^2}+\dfrac{y^2}{b^2}-\dfrac{z^2}{c^2}=0$ $(a>0,\ b>0,\ c>0)$ で表される曲面を**2 次錐面**と言います（図 3.2(b)．$a=b$ のときは**円錐**となります．

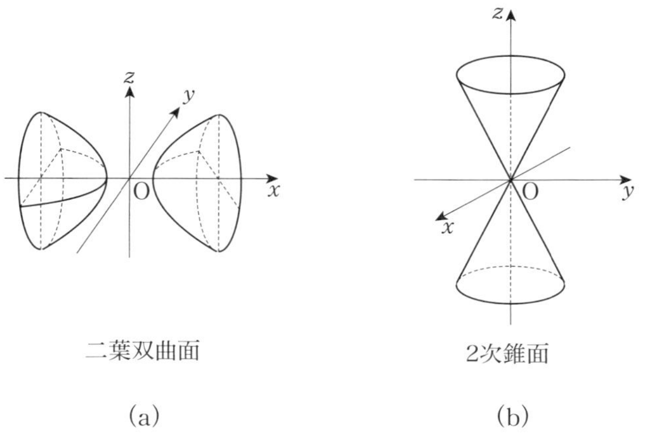

図 3.2

(5) 楕円放物面

方程式 $\dfrac{x^2}{a^2}+\dfrac{y^2}{b^2}=cz\ (a>0,\ b>0,\ c\neq 0)$ で表される曲面を**楕円放物面**と言い，$a=b$ のときは，**回転楕円放物面**と呼ばれています．yz 平面の放物線 $y^2=b^2cz$ を z 軸のまわりに1回転したもので，パラボラ・アンテナの形になります．($c>0$ の場合は図 3.3(a))

(6) 双曲放物面

方程式 $\dfrac{x^2}{a^2}-\dfrac{y^2}{b^2}=cz\ (a>0,\ b>0,\ c\neq 0)$ で表される曲面を**双曲放物面**と言います．馬の鞍（くら）のような形をしています．($c>0$ の場合は図 3.3(b))

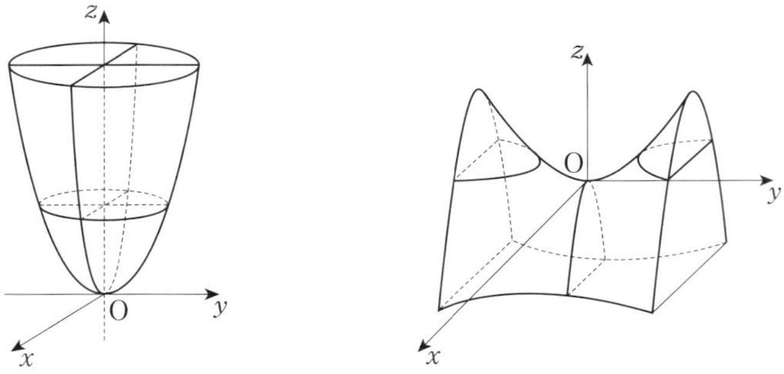

楕円放物線

(a)

双曲放物線

(b)

図 3.3

(7) 楕円柱面，双曲柱面，放物柱面

方程式 $\dfrac{x^2}{a^2}+\dfrac{y^2}{b^2}=1$，$\dfrac{x^2}{a^2}-\dfrac{y^2}{b^2}=1$，$y^2=4px$ $(a>0,\ b>0,\ p\neq 0)$ で表される曲面をそれぞれ**楕円柱面**，**双曲柱面**，**放物柱面**と言います．それらは z を含まないので xy 平面上の楕円，双曲線，放物線をそれぞれ z 軸の方向に平行移動して（z 軸方向に上下に動かして）できる図形です．楕円柱面で $a=b$ のときは**円柱**になります．

以上の 9 種類の曲面が 2 次曲面の標準形と呼ばれている曲面です．

問 3.1　楕円柱面，双曲柱面，$p>0$ の場合の放物柱面を図示せよ．

3.2　座標軸の変換式

方程式(3.1)で表される一般 2 次曲面は「上記の 9 種類の標準形に帰着するのだろうか」と思うことは自然なことでしょう．

結論から言えば，幾つかの例外(平行な2平面，交わる2平面，重なった2平面，ただの1点，実在する図形が存在しない)を除けば9種類になります．

ここでは，それを証明するための準備をします．

3次元空間において，点Oを原点とする1つの座標系をO$-xyz$としましょう．同じ空間に新しい座標系O$'-XYZ$を定めます．

いま，点Oを始点として，長さ1で，x軸，y軸，z軸の正の向きをもつベクトルをそれぞれ$\boldsymbol{e}_1$, $\boldsymbol{e}_2$, $\boldsymbol{e}_3$とし，同じようにして点O$'$を始点として，長さ1で，X軸，Y軸，Z軸の正の向きをもつベクトルをそれぞれ$\boldsymbol{f}_1, \boldsymbol{f}_2, \boldsymbol{f}_3$とします．また，空間の任意の点Pの座標を$(x,\ y,\ z)$とします．このとき，

$$\overrightarrow{\mathrm{OP}} = x\boldsymbol{e}_1 + y\boldsymbol{e}_2 + z\boldsymbol{e}_3$$

と表されます．また，$\boldsymbol{f}_i$は$\boldsymbol{e}_i (i = 1, 2, 3)$を用いて

$$\boldsymbol{f}_i = u_{1i}\boldsymbol{e}_1 + u_{2i}\boldsymbol{e}_2 + u_{3i}\boldsymbol{e}_3 \quad (i = 1, 2, 3)$$

と表すことができます．よって，

$$(\boldsymbol{f}_1\ \ \boldsymbol{f}_2\ \ \boldsymbol{f}_3) = (\boldsymbol{e}_1\ \ \boldsymbol{e}_2\ \ \boldsymbol{e}_3)U \quad \left(U = \begin{pmatrix} u_{11} & u_{12} & u_{13} \\ u_{21} & u_{22} & u_{23} \\ u_{31} & u_{32} & u_{33} \end{pmatrix}\right)$$

と書くことができます．

$\{\boldsymbol{f}_1\ \ \boldsymbol{f}_2\ \ \boldsymbol{f}_3\}$, $\{\boldsymbol{e}_1\ \ \boldsymbol{e}_2\ \ \boldsymbol{e}_3\}$は共に正規直交系ですから，$U$は直交行列です．

次に，新しい座標系でのPの座標を$(X,\ Y,\ Z)$とします．また

$$\overrightarrow{\mathrm{OO'}} = x_0\boldsymbol{e}_1 + y_0\boldsymbol{e}_2 + z_0\boldsymbol{e}_3$$

としましょう．このとき，

$$\begin{aligned} \overrightarrow{\mathrm{OP}} &= \overrightarrow{\mathrm{OO'}} + \overrightarrow{\mathrm{O'P}} \\ &= (\boldsymbol{e}_1\ \ \boldsymbol{e}_2\ \ \boldsymbol{e}_3)\begin{pmatrix} x_0 \\ y_0 \\ z_0 \end{pmatrix} + (\boldsymbol{f}_1\ \ \boldsymbol{f}_2\ \ \boldsymbol{f}_3)\begin{pmatrix} X \\ Y \\ Z \end{pmatrix} \end{aligned}$$

となりますから

$$\overrightarrow{\mathrm{OP}}=(\boldsymbol{e}_1\ \ \boldsymbol{e}_2\ \ \boldsymbol{e}_3)\begin{pmatrix}x_0\\y_0\\z_0\end{pmatrix}+(\boldsymbol{e}_1\ \ \boldsymbol{e}_2\ \ \boldsymbol{e}_3)U\begin{pmatrix}X\\Y\\Z\end{pmatrix}$$

$$=(\boldsymbol{e}_1\ \ \boldsymbol{e}_2\ \ \boldsymbol{e}_3)\left\{\begin{pmatrix}x_0\\y_0\\z_0\end{pmatrix}+U\begin{pmatrix}X\\Y\\Z\end{pmatrix}\right\}$$

となります．ところで，$\overrightarrow{\mathrm{OP}}=(\boldsymbol{e}_1\ \ \boldsymbol{e}_2\ \ \boldsymbol{e}_3)\begin{pmatrix}x\\y\\z\end{pmatrix}$ ですから

$$\begin{pmatrix}x\\y\\z\end{pmatrix}=U\begin{pmatrix}X\\Y\\Z\end{pmatrix}+\begin{pmatrix}x_0\\y_0\\z_0\end{pmatrix} \tag{3.2}$$

が得られます．いま，

$\boldsymbol{x}=\begin{pmatrix}x\\y\\z\end{pmatrix}$, $\boldsymbol{X}=\begin{pmatrix}X\\Y\\Z\end{pmatrix}$, $\boldsymbol{x}_0=\begin{pmatrix}x_0\\y_0\\z_0\end{pmatrix}$ とおくと，式(3.2)は

$$\boldsymbol{x}=U\boldsymbol{X}+\boldsymbol{x}_0 \tag{3.3}$$

となります．これが座標軸の変換式です．

上記の変換で $\mathrm{O}=\mathrm{O}'$ ならば，幾何学的には座標軸の回転，$\boldsymbol{f}_i=\boldsymbol{e}_i$ $(i=1,2,3)$ ならば座標軸の平行移動になっています．そこで，それぞれの場合をそのように呼ぶことにします．

3.3　2次曲面の行列表示

2次曲面を表す方程式(3.1)を行列を用いて表現してみよう．それは，2次曲線の場合と全く同様です．

記述の簡略化のために，方程式(3.1)の左辺を $F(x,\ y,\ z)$ で表します．

$A=\begin{pmatrix}a&h&g\\h&b&f\\g&f&c\end{pmatrix}$, $\boldsymbol{x}=\begin{pmatrix}x\\y\\z\end{pmatrix}$, $\boldsymbol{b}=\begin{pmatrix}l\\m\\n\end{pmatrix}$ とおき，さらに

$$\widetilde{A} = \begin{pmatrix} A & \boldsymbol{b} \\ {}^t\boldsymbol{b} & d \end{pmatrix} = \begin{pmatrix} a & h & g & l \\ h & b & f & m \\ g & f & c & n \\ l & m & n & d \end{pmatrix}, \quad \widetilde{\boldsymbol{x}} = \begin{pmatrix} \boldsymbol{x} \\ 1 \end{pmatrix} = \begin{pmatrix} x \\ y \\ z \\ 1 \end{pmatrix}$$

とおきます．

このとき，方程式(3.1)は

$$F(x,\ y,\ z) = {}^t\boldsymbol{x}A\boldsymbol{x} + 2\,{}^t\boldsymbol{b}\boldsymbol{x} + d = 0 \tag{3.4}$$

さらに，

$${}^t\widetilde{\boldsymbol{x}}\widetilde{A}\widetilde{\boldsymbol{x}} = 0 \tag{3.5}$$

と表すことができます．

(3.4) の A のことを2次式 $F(x,\ y,\ z)$ の**係数行列**あるいは**2次曲面の係数行列**と呼ぶことにします．

式(3.4)に座標軸の変換(3.3)を施すと，(3.4)は

$${}^t\boldsymbol{X}A'\boldsymbol{X} + 2\,{}^t\boldsymbol{b}'\boldsymbol{X} + d' = 0 \tag{3.6}$$

となります．ここに，$A' = {}^tUAU$，$\boldsymbol{b}' = {}^tU(A\boldsymbol{x}_0 + \boldsymbol{b})$，$d' = {}^t\boldsymbol{x}_0A\boldsymbol{x}_0 + 2\,{}^t\boldsymbol{b}\boldsymbol{x}_0 + d$ です．また，

$$\widetilde{U} = \begin{pmatrix} U & \boldsymbol{x}_0 \\ {}^t\boldsymbol{0} & 1 \end{pmatrix}, \quad \widetilde{X} = {}^t(X\ \ Y\ \ Z\ \ 1)$$

とおくと，(3.3)より

$$\widetilde{\boldsymbol{x}} = \widetilde{U}\widetilde{\boldsymbol{X}} \tag{3.7}$$

となりますから，(3.5)より方程式(3.1)は

$${}^t\widetilde{\boldsymbol{X}}\widetilde{A}'\widetilde{\boldsymbol{X}} = O \quad (\text{ただし，} \widetilde{A}' = {}^t\widetilde{U}\widetilde{A}\widetilde{U}) \tag{3.8}$$

となります．

U は直交行列であることに注意すると，$A' = {}^tUAU$ より，

$$|A'| = |{}^tUAU| = |{}^tU||A||U| = |A|$$

すなわち

$$|A'| = |A| \tag{3.9}$$

が得られます．全く同様にして

$$|\widetilde{A}'| = |\widetilde{A}| \tag{3.10}$$

も得られます．

また，階数の性質から

$$\operatorname{rank} A' = \operatorname{rank} A, \quad \operatorname{rank}(\widetilde{A}') = \operatorname{rank}(\widetilde{A}) \tag{3.11}$$

となることもわかります．

3.4　2次曲面の分類

実対称行列は，適当な直交行列 U で対角化できますから，直交変換 $\boldsymbol{x} = U\boldsymbol{X}$ により，方程式(3.1)は

$$\lambda_1 X^2 + \lambda_2 Y^2 + \lambda_3 Z^2 + 2b_1' X + 2b_2' Y + 2b_3' Z + d = 0 \tag{3.12}$$

となります．ここに，λ_1, λ_2, λ_3 は A の固有値です．

話を先に進めるために，ここで，2次曲面の中心の話をしましょう．

2次曲面を S で表します．

S が点 P_0 に関して対称であるとき，点 P_0 を S の**中心**と言います．ただし，S は空集合でないとします．

中心が1つしかない2次曲面を**有心2次曲面**，その他の場合を**無心2次曲面**と言います．

2次曲線の場合と全く同様にして，(3.6)より

$$\mathrm{P}_0(x_0,\ y_0,\ z_0) \text{ は2次曲面 } S \text{ の中心} \Leftrightarrow A\boldsymbol{x}_0 + \boldsymbol{b} = 0 \tag{3.13}$$

が成り立つことがわかります(詳しいことは2次曲線の2.3節を参照して下さい)．ここに，$\boldsymbol{x}_0 = {}^t(x_0\ \ y_0\ \ z_0)$，$\boldsymbol{b} = {}^t(l\ \ m\ \ n)$ です．

よって，連立1次方程式 $A\boldsymbol{x} = -\boldsymbol{b}$ が一意解(ただ1組の解)を持つかどうかの話になりますので，行列の階数(rank)の話になります(詳しい話は，やはり2次曲線(2.3節)のところでしてありますのでそこを参照して下さい)．

それでは，有心か無心かの場合に分けて話を進めましょう．

(1) 有心2次曲面の場合

この場合は，方程式 $A\boldsymbol{x}=-\boldsymbol{b}$ が一意解を持たなくてはなりません．したがって，$\mathrm{rank}\,A=3$ となります．

$\mathrm{rank}\,A=3$ ですから，$|A|\neq 0$ です．ところで，A の固有値 $\lambda_1, \lambda_2, \lambda_3$ とすると，$|A|=\lambda_1\lambda_2\lambda_3$ が成り立ちますから，$\lambda_1, \lambda_2, \lambda_3$ はいずれも0ではありません．そこで，座標軸の平行移動

$$X=X'-\frac{b_1'}{\lambda_1},\ Y=Y'-\frac{b_2'}{\lambda_2},\ Z=Z'-\frac{b_3'}{\lambda_3}$$

を行うと，方程式(3.12)は

$$\lambda_1X'^2+\lambda_2Y'^2+\lambda_3Z'^2+d=0 \tag{3.14}$$

となります．ここで，$d=|\widetilde{A}|/|A|$ になることは2次曲線の場合と全く同様にして確かめることができます．

あとは，$d\neq 0$ あるいは $d=0$ の場合に分けて考えればよいのですが，ここでは，rank に注目して話を進めましょう．

$\widetilde{A}=\begin{pmatrix}A & \boldsymbol{b}\\ {}^t\boldsymbol{b} & d\end{pmatrix}$ でしかも $\mathrm{rank}\,A=3$ ですから， $\mathrm{rank}\,\widetilde{A}=4$ あるいは $\mathrm{rank}\,\widetilde{A}=3$ です．

(i) $\mathrm{rank}\,\widetilde{A}=4$ のとき．

$|\widetilde{A}|\neq 0$ ですから，$d\neq 0$ となります．よって，$\lambda_1, \lambda_2, \lambda_3$ の正負，d の正負によって場合分けをして調べればよいことになります．

実際に調べてみると，式(3.14)から楕円面(3.1(1)の形の方程式)，一葉双曲面(3.1(2)の形の方程式)，二葉双曲面(3.1(3)の形の方程式)，虚楕円($x^2/\alpha^2+y^2/\beta^2+z^2/\gamma^2=-1$ の形の方程式)が得られます．なお，虚楕円の場合は実在する図形は存在しません．

(ii) $\mathrm{rank}\,\widetilde{A}=3$ のとき

$|\widetilde{A}|=0$ ですから，$d=0$ となります．この場合は2次錐面(3.1(4)の形の方程式)，虚の2次錐面($x^2/\alpha^2+y^2/\beta^2+z^2/\gamma^2=0$ の形の方程式)が得られます．虚の2次錐面は図形的には原点のみを表すことになります．

(2) 無心 2 次曲面の場合

この場合は $\mathrm{rank}\,A=2$ あるいは $\mathrm{rank}\,A=1$ となります．

（iii）$\mathbf{rank}\,\boldsymbol{A}=2$ かつ $\mathbf{rank}\,\widetilde{\boldsymbol{A}}=4$ のとき

$|A|=0$ となりますから，λ_1, λ_2, λ_3 はのどれか 1 つは 0 となります．そこで，$\lambda_1\neq 0$, $\lambda_2\neq 0$, $\lambda_3=0$ と仮定します(他も場合も全く同様です)．方程式(3.12)は

$$X=X'-\frac{b_1'}{\lambda_1},\ \ Y=Y'-\frac{b_2'}{\lambda_2},\ \ Z=Z'$$

という平行移動で

$$\lambda_1 X'^2+\lambda_2 Y'^2+2b_3'Z'+d'=0 \tag{3.15}$$

の形になります．ここで，$\widetilde{X}'={}^t(X'\ \ Y'\ \ Z'\ \ 1)$.

$$\widetilde{A}''=\begin{pmatrix}\lambda_1 & 0 & 0 & 0\\ 0 & \lambda_2 & 0 & 0\\ 0 & 0 & 0 & b_3'\\ 0 & 0 & b_3' & d'\end{pmatrix} \tag{3.16}$$

とおくと，式(3.15)は

$${}^t\widetilde{X}'\widetilde{A}''\widetilde{X}'=0$$

と書くことができます．よって，(3.10)を利用すれば

$$|\widetilde{A}|=|\widetilde{A}''|=-\lambda_1\lambda_2 b_3'^2 \tag{3.17}$$

が得られます．

$\mathrm{rank}\,\widetilde{A}=4$ ですから，$|\widetilde{A}|\neq 0$ です．よって，$b_3'\neq 0$ となります．このときは，Z' 軸方向の平行移動

$$X'=x''\quad Y'=y''\quad Z'=z''-\frac{d'}{2b_3'}$$

により，(3.15)は

$$\lambda_1 x''^2+\lambda_2 y''^2+2b_3'z''=0 \tag{3.18}$$

の形になります．

よって，この式から楕円放物面(3.1(5)の形の方程式)，双曲放物面(3.1(6)の形の方程式)が得られます．

（iv） **rank $A = 2$ かつ rank $\widetilde{A} = 3$ のとき**

$|\widetilde{A}| = 0$ ですから，(3.17) より $b_3' = 0$ となります．よって，(3.15) は

$$\lambda_1 X'^2 + \lambda_2 Y'^2 + d' = 0 \tag{3.19}$$

の形になります．ところで，rank $\widetilde{A} = 3$ ですから，(3.11) と (3.16) より，$d' \neq 0$ であることが分ります．よって，(3.19) から 楕円柱面 ($x^2/\alpha^2 + y^2/\beta^2 = 1$ の形の方程式)，虚の楕円柱面 ($x^2/\alpha^2 + y^2/\beta^2 = -1$ の形の方程式)，双曲柱面 ($x^2/\alpha^2 - y^2/\beta^2 = 1$ の形の方程式) が得られます．虚の楕円柱面の場合は実在する図形は存在しません．

（v） **rank $A = 2$ かつ rank $\widetilde{A} = 2$ のとき**

このときは，$d' = 0$ となりますから，(3.19) から交わる2平面 ($x^2/\alpha^2 - y^2/\beta^2 = 0$ の形の方程式)，重なる1直線 ($x^2/\alpha^2 + y^2/\beta^2 = 0$ の形の方程式) が得られます．

（vi） **rank $A = 1$**

この場合は，A の固有値の2つは0となります．そこで，$\lambda_1 \neq 0$, $\lambda_2 = \lambda_3 = 0$ と仮定します．このとき，(3.12) は

$$\lambda_1 X^2 + 2b_1' X + 2b_2' Y + 2b_3' Z + d = 0$$

となります．座標軸の平行移動によって，X の項は消去できますから，この式は

$$\lambda_1 X^2 + 2b_2' Y + 2b_3' Z + d = 0$$

の形になります．

rank $A = 1$ と $\lambda_2 = \lambda_3 = 0$ から，rank $\widetilde{A} \leqq 3$ ということが分ります．詳しい議論は省略しますが，rank $\widetilde{A}$ で場合分けすることにより，次のようになります．

rank $\widetilde{A} = 3$ のとき．

放物柱面 ($x^2 = 4py$ の形の方程式)．

rank $\widetilde{A} = 2$ のとき．

平行な2平面 ($x^2 = \alpha^2$ $(\alpha > 0)$ の形の式) と 虚の平行2平面 ($x^2 = \alpha^2$ $(\alpha < 0$ の形の式)．後者の場合は実在する図形は存在しません．

$\mathrm{rank}\,\widetilde{A}=1$ のとき．

重なった 2 平面（$x^2=0$ の形の式）になります．

以上で，2 次曲面の分類が完了しました．これで，例外を除いて，標準形に帰着することが示されました．

問 3.2　次の 2 次曲面の中心を求めよ．

(1) $2x^2+y^2-z^2+4yz-2zx-4xy+2y-4z-4=0$

(2) $4x^2+16y^2+4z^2+16yz-8zx-16xy=0$

問 3.3　次の 2 次曲面の方程式の標準形を求め，曲面の種類を述べよ．

(1) $x^2+z^2-2yz-4zx-2xy+2x+4y-10z+14=0$

(2) $4x^2+4y^2-8z^2-4yz-4zx-10xy-4x-4y+2z=0$

第2章

最大・最小問題，漸化式で定められる数列，不等式への応用

§4 最大・最小問題への応用

「$x^2+y^2=1$ のとき，関数 $f(x,y)=5x^2-6xy+5y^2$ の最大値と最小値を求めよ」等の問題には高校等で出会った覚えがあることでしょう．

本節ではこのような問題の一般化に相当する2次形式の最大・最小問題の話から始めます．

4.1 2次形式の最大・最小

最初に2次形式の定義から話をしましょう．

$A=(a_{ij})$ を n 次の実対称行列とするとき，

$$
\begin{aligned}
{}^t\boldsymbol{x}A\boldsymbol{x} &= (x_1\ \ x_2\ \ \cdots\ \ x_n)\begin{pmatrix} a_{11} & a_{12} & \cdots & a_{1n} \\ a_{21} & a_{22} & \cdots & a_{2n} \\ & \cdots\cdots\cdots & & \\ a_{n1} & a_{n2} & \cdots & a_{nn} \end{pmatrix}\begin{pmatrix} x_1 \\ x_2 \\ \vdots \\ x_n \end{pmatrix} \\
&= \sum_{i=1}^{n} a_{ii}x_i^2 + 2\sum_{i<j} a_{ij}x_ix_j \qquad (4.1)
\end{aligned}
$$

を変数 $x_1,\ x_2,\ \cdots,\ x_n$ に関する**2次形式**と言います．

この2次形式を $F(\boldsymbol{x})$ で表すとき，実対称行列 A を2次形式 $F(\boldsymbol{x})$ の**係数行列**と言います．

例えば，冒頭の関数 $5x^2-6xy+5y^2$ は変数 $x,\ y$ に関する2次形式です．これを F で表すと，

$$
F=(x\ \ y)\begin{pmatrix} 5 & -3 \\ -3 & 5 \end{pmatrix}\begin{pmatrix} x \\ y \end{pmatrix}
$$

と書くことができますから，F の係数行列は $\begin{pmatrix} 5 & -3 \\ -3 & 5 \end{pmatrix}$ です．

2 次形式 $F(\boldsymbol{x}) = {}^t\boldsymbol{x}A\boldsymbol{x}$ は，A が実対称行列ですから，適当な直交変換 $\boldsymbol{x} = UX$ によって

$$F(\boldsymbol{x}) = {}^t\boldsymbol{x}A\boldsymbol{x} = \lambda_1 X_1^2 + \lambda_2 X_2^2 + \cdots + \lambda_n X_n^2 \tag{4.2}$$

となります．ここに，$X = {}^t(X_1 \ X_2 \ \cdots \ X_n)$ です．また λ_i $(i = 1, 2, \cdots, n)$ は A の固有値で，すべて実数です．

なお，式(4.2)は 2 次形 $F(\boldsymbol{x})$ の**標準形**と呼ばれています．

2 次形式の最大・最少問題には (4.2) を利用することになります．以後，対称行列と言えば実対称行列を意味し，$F(\boldsymbol{x})$ を単に F で表すことにします．

一般論に入る前に具体的な問題を考えてみましょう．

例 4.1　$x^2 + y^2 + z^2 = 1$ のとき，2 次形式 $F = 5x^2 + 3y^2 + 3z^2 + 2xy + 2yz + 2zx$ の最大値・最小値と，そのときのベクトルを求めよ．

解

$$\begin{aligned} F &= x(5x + y + z) + y(x + 3y + z) + z(x + y + 3z) \\ &= (x \ y \ z)\begin{pmatrix} 5 & 1 & 1 \\ 1 & 3 & 1 \\ 1 & 1 & 3 \end{pmatrix}\begin{pmatrix} x \\ y \\ z \end{pmatrix} \end{aligned}$$

となるから，F の係数行列は

$$A = \begin{pmatrix} 5 & 1 & 1 \\ 1 & 3 & 1 \\ 1 & 1 & 3 \end{pmatrix}$$

である．このとき A の固有多項式は

$$\phi_A(\lambda) = (\lambda - 2)(\lambda - 3)(\lambda - 6)$$

となるから，A の固有値は 2, 3, 6 である．よって，適当な直交変換 $\boldsymbol{x} = U\boldsymbol{X}$ $(\boldsymbol{x} = {}^t(x \ y \ z),\ \boldsymbol{X} = {}^t(X \ Y \ Z))$ を与式に施すと

$$F = 2X^2 + 3Y^2 + 6Z^2$$

となる．ゆえに

$$2(X^2 + Y^2 + Z^2) \leqq F \leqq 6(X^2 + Y^2 + Z^2) \tag{4.3}$$

が得られる．この式の左側の等号は $X={}^t(1\ 0\ 0)$ のとき，右側の等号は $X={}^t(0\ 0\ 1)$ のときに成り立つ．

ところで，

$$X^2+Y^2+Z^2={}^t\boldsymbol{X}\boldsymbol{X}={}^t({}^tU\boldsymbol{x})({}^tU\boldsymbol{x})$$
$$={}^t\boldsymbol{x}U{}^tU\boldsymbol{x}={}^t\boldsymbol{x}\boldsymbol{x}=x^2+y^2+z^2=1$$

である．よって，(4.3) より

$$2\leqq F\leqq 6$$

を得る．したがって，最小値は 2，最大値は 6 である．

次に，最小値・最大値を与えるベクトルを求めよう．そのためには，固有値 2, 6 に属する大きさ 1 の固有ベクトルを求めればよい．よって，求めるベクトルはそれぞれ $\pm\dfrac{1}{\sqrt{2}}\,{}^t(0\ 1\ -1)$，$\pm\dfrac{1}{\sqrt{6}}\,{}^t(2\ 1\ 1)$ である．

例 4.1 での最大値 6 は F の係数行列 A の最大固有値で，最小値 2 は A の最小固有値になっています．

一般には，次の定理が成り立ちます．証明は例 4.1 の解答と全く同様です．

定理 4.1　$x_1^2+x_2^2+\cdots+x_n^2=1$ のとき，2 次形式 $F=\displaystyle\sum_{i,j=1}^{n}a_{ij}x_ix_j$ の最大値・最小値はそれぞれ F の係数行列 $A=(a_{ij})$ の固有値の最大値・最小値に等しい．

証明　A は F の係数行列であるから

$$F={}^t\boldsymbol{x}A\boldsymbol{x} \tag{4.4}$$

と書くことができる．ここに，$\boldsymbol{x}={}^t(x_1\ x_2\ \cdots\ x_n)$ である．A は対称行列であるから，(4.4) に適当な直交変換 $\boldsymbol{x}=U\boldsymbol{X}$ $(\boldsymbol{X}={}^t(X_1\ X_2\ \cdots\ X_n))$ を施すと

$$F=\lambda_1X_1^2+\lambda_2X_2^2+\cdots+\lambda_nX_n^2$$

となる．ここに，λ_i $(i=1,2,\cdots,n)$ は A の固有値である．ここで，一般性を

失うことなく $\lambda_1 \leqq \lambda_2 \leqq \cdots \leqq \lambda_n$ と仮定できるから，そのように仮定すると

$$\lambda_1(X_1^2 + X_2^2 + \cdots + X_n^2) \leqq F \leqq \lambda_n(X_1^2 + X_2^2 + \cdots + X_n^2)$$

が得られる．この式の左側の等号は ${}^t(1\ 0\ \cdots\ 0)$ のとき，右側の等号は ${}^t(0\ 0\ \cdots\ 0\ 1)$ のとき成り立つ．

ところで，

$$\begin{aligned} X_1^2 + X_2^2 + \cdots + X_n^2 &= {}^t\boldsymbol{X}\boldsymbol{X} = {}^t({}^tU\boldsymbol{x})({}^tU\boldsymbol{x}) \\ &= {}^t\boldsymbol{x}U\,{}^tU\boldsymbol{x} = {}^t\boldsymbol{x}\boldsymbol{x} = x_1^2 + x_2^2 + \cdots + x_n^2 = 1 \end{aligned}$$

が成り立つから，

$$\lambda_1 \leqq F \leqq \lambda_n$$

が得られ，定理は証明された．

例 4.2　$2x^2 - 2xy + 5y^2 = 1$ のとき，$F = 9xy$ の最大値と最小値を求めよ．

解　条件式の左辺は，$5y^2 = 4y^2 + y^2$ であることに注意すれば，

$$2x^2 - 2xy + 5y^2 = (x - 2y)^2 + (x + y)^2$$

と変形できる．$X = x - 2y$, $Y = x + y$ とおくと条件式は $X^2 + Y^2 = 1$ となり，$F = -X^2 - XY + 2Y^2$ となる．このとき，

$$F = (X\ \ Y)\begin{pmatrix} -1 & -\frac{1}{2} \\ -\frac{1}{2} & 2 \end{pmatrix}\begin{pmatrix} X \\ Y \end{pmatrix}$$

となるから，この式の係数行列の固有値は $\dfrac{1 \pm \sqrt{10}}{2}$.

よって，定理 4.1 から

$$最大値は\ \frac{1 + \sqrt{10}}{2},\quad 最小値\ \frac{1 - \sqrt{10}}{2}$$

である．

問4.1　次の各問に答えよ．

(1) 冒頭の問題「$x^2+y^2=1$ のとき，関数 $f(x, y)=5x^2-6xy+5y^2$ の最大値と最小値を求めよ」を解け．

(2) $x^2+y^2+z^2=1$ のとき，2次形式 $F=3x^2+3y^2+4z^2-2yz-2zx$ の最大値・最小値と，そのときのベクトルを求めよ．

4.2　レイリー・リッツ商とその最大・最小

A を n 次対称行列とします．このとき，2つの2次式の商

$$R(\boldsymbol{x})=\frac{{}^t\boldsymbol{x}A\boldsymbol{x}}{{}^t\boldsymbol{x}\boldsymbol{x}}$$

は**レイリー・リッツ**(Reyleigh–Ritz)**商**あるいは**レイリー商**と呼ばれています．ここでは，$R(\boldsymbol{x})$ の最大・最小について考えることにします．それは，定理4.1の一般化にもなっています．

A の固有値を $\lambda_i\,(i=1,2,\cdots,n)$ とするとき，前節にしたがって

$$\lambda_{\min}=\lambda_1\leqq\lambda_2\leqq\cdots\leqq\lambda_n=\lambda_{\max}$$

と仮定して話をします．以後も同様とします．

定理4.1から，次のレイリー・リッツの定理が容易に得られます．

定理4.2(Reyleigh–Ritz)　A を n 次対称行列とする．このとき，次が成り立つ．

(1) $\lambda_{\max}=\lambda_n=\max\limits_{x\neq0}\dfrac{{}^t\boldsymbol{x}A\boldsymbol{x}}{{}^t\boldsymbol{x}\boldsymbol{x}}=\max\limits_{{}^txx=1}{}^t\boldsymbol{x}A\boldsymbol{x}$

(2) $\lambda_{\min}=\lambda_1=\min\limits_{x\neq0}\dfrac{{}^t\boldsymbol{x}A\boldsymbol{x}}{{}^t\boldsymbol{x}\boldsymbol{x}}=\min\limits_{{}^txx=1}{}^t\boldsymbol{x}A\boldsymbol{x}$

証明　(1) ${}^t\boldsymbol{x}\boldsymbol{x}=|\boldsymbol{x}|^2$ であるから

$$\frac{{}^t\boldsymbol{x}A\boldsymbol{x}}{{}^t\boldsymbol{x}\boldsymbol{x}}={}^t\!\left(\frac{\boldsymbol{x}}{|\boldsymbol{x}|}\right)A\left(\frac{\boldsymbol{x}}{|\boldsymbol{x}|}\right)$$

となる．

ここで，$\dfrac{\boldsymbol{x}}{|\boldsymbol{x}|}=\boldsymbol{y}$ とおくと，$|\boldsymbol{y}|=1$ である．よって

$$\max_{x\neq 0}\frac{{}^t\boldsymbol{x}A\boldsymbol{x}}{{}^t\boldsymbol{x}\boldsymbol{x}}=\max_{x\neq 0}{}^t\left(\frac{\boldsymbol{x}}{|\boldsymbol{x}|}\right)A\left(\frac{\boldsymbol{x}}{|\boldsymbol{x}|}\right)=\max_{{}^t yy=1}{}^t\boldsymbol{y}A\boldsymbol{y}$$

となり，定理 4.1 から求める結果が得られる．

(2)　(1) と全く同様である．

定理 4.2 から，次の結果がただちに得られます．

系 4.1　(1) $\lambda_1\,{}^t\boldsymbol{x}\boldsymbol{x}\leqq{}^t\boldsymbol{x}A\boldsymbol{x}\leqq\lambda_n\,{}^t\boldsymbol{x}\boldsymbol{x}$　$(\boldsymbol{x}\in\boldsymbol{R}^n)$

(2) $\alpha=\dfrac{{}^t\boldsymbol{x}A\boldsymbol{x}}{{}^t\boldsymbol{x}\boldsymbol{x}}$ とすると，区間 $(-\infty\quad\alpha]$ と $[\alpha\quad\infty)$ に A の固有値が少なくとも 1 つずつある．

ここで，定理 4.2 に関する例をあげておきましょう．

例 4.3　$R(\boldsymbol{x})=\dfrac{2xy+2yz+2zx}{x^2+y^2+z^2}$ の最大値・最小値とそのときのベクトルを求めよ．

解　与式の分子を F で表すと

$$F=(x\ \ y\ \ z)\begin{pmatrix}0&1&1\\1&0&1\\1&1&0\end{pmatrix}\begin{pmatrix}x\\y\\z\end{pmatrix}$$

となる．この F の係数行列の固有値は -1 (重解) と 2 であるから，定理 4.2 から，$R(\boldsymbol{x})$ の最小値は -1，最大値は 2 である．

固有値 -1 に属する固有ベクトルは

$$c_1\begin{pmatrix}-1\\1\\0\end{pmatrix}+c_2\begin{pmatrix}-1\\0\\1\end{pmatrix}\quad(c_1,\ c_2 \text{ のうち少なくとも 1 つは 0 でない})$$

であり，固有値 2 に属する固有ベクトルは

$$c\begin{pmatrix}1\\1\\1\end{pmatrix}\quad(c\neq 0)$$

である．よって，これらがそれぞれ最小値 −1，最大値 2 を与えるベクトルである．

問 4.2　$R(\boldsymbol{x})=\dfrac{x^2-y^2}{x^2-2xy+2y^2}$ の最大値･最小値を求めよ．

問 4.3　関数

$f(x,\ y,\ z)=\dfrac{x+2y+3z}{\sqrt{x^2+y^2+z^2}}\ (x>0,\ y>0,\ z>0)$ が最大値を持つかどうかを調べて，持つならば最大値とそのときの x，y，z の値を求めよ．

4.3 クーラント･フィッシャーミニマックス定理

前節ではレイリー･リッツ商 $R(\boldsymbol{x})$ と λ_1, λ_n の関係について述べました．ここでは，より一般に $R(\boldsymbol{x})$ と $\lambda_k\,(k=1,2,\cdots,n)$ との関係について調べてみましょう．

A を n 次対称行列とし，その固有値を $\lambda_1\leqq\lambda_2\leqq\cdots\leqq\lambda_n$ とします．A は対称行列ですから、適当な直交行列 $U=(\boldsymbol{u}_1\ \boldsymbol{u}_2\ \cdots\ \boldsymbol{u}_n)$ をとることによって，

$$A=UD\,{}^tU$$

となります．ここに，D は対角成分が λ_1, λ_2, $\cdots$, λ_n である対角行列です．すなわち $D=\mathrm{diag}(\lambda_1,\ \lambda_2,\ \cdots,\ \lambda_n)$ です．

$\boldsymbol{x}={}^t(x_1\ x_2\ \cdots\ x_n)$ を $\boldsymbol{R}^n$ の任意のベクトルとし，$\boldsymbol{u}_i={}^t(u_{1i}\ u_{2i}\ \cdots\ u_{ni})$ $(i=1,2,\cdots,n)$ とします．また，ベクトル $U\boldsymbol{x}$ の第 i 成分を $(U\boldsymbol{x})_i$ で表しま

す．このとき，

$$
\begin{aligned}
{}^t\boldsymbol{x}A\boldsymbol{x} &= {}^t\boldsymbol{x}(UD\,{}^tU)\boldsymbol{x} = {}^t({}^tU\boldsymbol{x})D({}^tU\boldsymbol{x}) \\
&= \sum_{i=1}^{n} \lambda_i (u_{1i}x_1 + u_{2i}x_2 + \cdots + u_{ni}x_n)^2 \\
&= \sum_{i=1}^{n} \lambda_i ({}^t\boldsymbol{u}_i\boldsymbol{x})^2 = \sum_{i=1}^{n} \lambda_i (({}^tU\boldsymbol{x})_i)^2
\end{aligned}
$$

となります．

もし，ここで，$\boldsymbol{u}_1$ に直交するようなベクトル $\boldsymbol{x}$ ($\boldsymbol{x} \in \boldsymbol{R}^n$) を考えるならば，${}^t\boldsymbol{u}_1\boldsymbol{x} = 0$ となりますから，

$$
{}^t\boldsymbol{x}A\boldsymbol{x} = \sum_{i=2}^{n} \lambda_i (({}^tU\boldsymbol{x})_i)^2
$$

となります．ここで，$\lambda_1 \leqq \lambda_2 \leqq \cdots \leqq \lambda_n$ であることに注意すれば，

$$
\begin{aligned}
{}^t\boldsymbol{x}A\boldsymbol{x} &= \sum_{i=2}^{n} \lambda_i ({}^t\boldsymbol{u}_i\boldsymbol{x})^2 \geqq \lambda_2 \sum_{i=1}^{n} ({}^t\boldsymbol{u}_i\boldsymbol{x})^2 \\
&= \lambda_2 \sum_{i=1}^{n} (({}^tU\boldsymbol{x})_i)^2 = \lambda_2 ({}^t\boldsymbol{x}U\,{}^tU\boldsymbol{x}) \\
&= \lambda_2\,{}^t\boldsymbol{x}\boldsymbol{x}
\end{aligned}
$$

が得られます．上の式で $\boldsymbol{x} = \boldsymbol{u}_2$ とすると等号が成り立ちます．よって，次の式が得られます．

$$
\min_{\substack{x \neq 0 \\ x \perp u_1}} \frac{{}^t\boldsymbol{x}A\boldsymbol{x}}{{}^t\boldsymbol{x}\boldsymbol{x}} = \min_{\substack{{}^txx=1 \\ x \perp u_1}} {}^t\boldsymbol{x}A\boldsymbol{x} = \lambda_2
$$

同様にして

$$
\begin{aligned}
\min_{\substack{x \neq 0 \\ x \perp u_1, u_2, \cdots, u_{k-1}}} \frac{{}^t\boldsymbol{x}A\boldsymbol{x}}{{}^t\boldsymbol{x}\boldsymbol{x}} &= \min_{\substack{{}^txx=1 \\ x \perp u_1, u_2, \cdots, u_{n-k+1}}} {}^t\boldsymbol{x}A\boldsymbol{x} \\
&= \lambda_k \quad (k = 2, \cdots, n)
\end{aligned}
\tag{4.1}
$$

や

$$
\begin{aligned}
\max_{\substack{x \neq 0 \\ x \perp u_n, u_{n-1}, \cdots, u_{n-k+1}}} \frac{{}^t\boldsymbol{x}A\boldsymbol{x}}{{}^t\boldsymbol{x}\boldsymbol{x}} &= \max_{\substack{{}^txx=1 \\ x \perp u_n, u_{n-1}, \cdots, u_{n-k+1}}} {}^t\boldsymbol{x}A\boldsymbol{x} \\
&= \lambda_{n-k} \quad (k = 1, 2, \cdots, n-1)
\end{aligned}
$$

(4.2)

も示すことができます．

ところで，これらの式を利用するためには，行列 A のいくつかの固有ベクトルを求めなくてはならないという不便さがあります．　それに対して，固有ベクトルを用いないで済むのが次の「**クーラント・フィッシャーミニマックス定理**(Courant–Fischer “min–max theorem”)」です．

定理 4.3 (Courant–Fischer)　A を n 次対称行列とし，その固有値を $\lambda_1 \leqq \lambda_2 \leqq \cdots \leqq \lambda_n$ とする．このとき，任意の整数 k $(1 \leqq k \leqq n)$ に対して

$$\min_{w_1, w_2, \cdots, w_{n-k} \in R^n} \quad \max_{\substack{x \neq 0,\, x \in R^n \\ x \perp w_1, w_2, \cdots, w_{n-k}}} \frac{{}^t\boldsymbol{x}A\boldsymbol{x}}{{}^t\boldsymbol{x}\boldsymbol{x}} = \lambda_k \tag{4.3}$$

かつ

$$\max_{w_1, w_2, \cdots, w_{k-1} \in R^n} \quad \min_{\substack{x \neq 0,\, x \in R^n \\ x \perp w_1, w_2, \cdots, w_{k-1}}} \frac{{}^t\boldsymbol{x}A\boldsymbol{x}}{{}^t\boldsymbol{x}\boldsymbol{x}} = \lambda_k \tag{4.4}$$

が成り立つ．

証明　(4.3)のみを示す((4.4)もまったく同様である．

A は対称行列であるから，適当な直交行列 $U = (\boldsymbol{u}_1\ \boldsymbol{u}_2\ \cdots\ \boldsymbol{u}_n)$ を用いて，

$$A = UD\,{}^tU$$

と表すことができる．ここに，D は対角成分が $\lambda_1, \lambda_2, \cdots, \lambda_n$ である対角行列である．

ところで，

$$\frac{{}^t\boldsymbol{x}A\boldsymbol{x}}{{}^t\boldsymbol{x}\boldsymbol{x}} = \frac{{}^t\boldsymbol{x}(UD\,{}^tU)\boldsymbol{x}}{{}^t\boldsymbol{x}\boldsymbol{x}} = \frac{{}^t({}^tU\boldsymbol{x})D({}^tU\boldsymbol{x})}{{}^t\boldsymbol{x}(U\,{}^tU)\boldsymbol{x}}$$
$$= \frac{{}^t({}^tU\boldsymbol{x})D({}^tU\boldsymbol{x})}{{}^t({}^tU\boldsymbol{x})({}^tU\boldsymbol{x})}$$

であり，${}^tU\boldsymbol{x} = \boldsymbol{y}$ $(\boldsymbol{y} = {}^t(y_1\ y_2\ \cdots\ y_n))$ とおくと

$$\{{}^tU\boldsymbol{x} : \boldsymbol{x} \in \boldsymbol{R}^n,\ \boldsymbol{x} \neq 0\} = \{\boldsymbol{y} \in \boldsymbol{R}^n : \boldsymbol{y} \neq 0\}$$

である．いま，$\boldsymbol{w}_1, \boldsymbol{w}_2, \cdots, \boldsymbol{w}_{n-k} \in \boldsymbol{R}^n$ とすると

$$\sup\left\{\frac{{}^t\boldsymbol{x}A\boldsymbol{x}}{{}^t\boldsymbol{x}\boldsymbol{x}} : \boldsymbol{x} \neq 0,\ \boldsymbol{x} \perp \boldsymbol{w}_1, \boldsymbol{w}_2, \cdots, \boldsymbol{w}_{n-k}\right\}$$

$$= \sup\left\{\frac{{}^t\boldsymbol{y}D\boldsymbol{y}}{{}^t\boldsymbol{y}\boldsymbol{y}} : \boldsymbol{y} \neq 0,\ \boldsymbol{y} \perp {}^tU\boldsymbol{w}_1, {}^tU\boldsymbol{w}_2, \cdots, {}^tU\boldsymbol{w}_{n-k}\right\}$$

$$= \sup\left\{\sum_{i=1}^{n} \lambda_i (y_i)^2 : {}^t\boldsymbol{y}\boldsymbol{y} = 1,\ \boldsymbol{y} \perp {}^tU\boldsymbol{w}_1, {}^tU\boldsymbol{w}_2, \cdots, {}^tU\boldsymbol{w}_{n-k}\right\}$$

$$\geqq \sup\left\{\sum_{i=1}^{n} \lambda_i (y_i)^2 : {}^t\boldsymbol{y}\boldsymbol{y} = 1,\ y_1 = y_2 = \cdots = y_{k-1} = 0,\ \boldsymbol{y} \perp {}^tU\boldsymbol{w}_1,\ \cdots,\ {}^tU\boldsymbol{w}_{n-k}\right\}$$

$$= \sup\left\{\sum_{i=k}^{n} \lambda_i (y_i)^2 : y_k^2 + y_{k+1}^2 + \cdots + y_n^2 = 1,\ \boldsymbol{y} \perp {}^tU\boldsymbol{w}_1,\ \cdots,\ {}^tU\boldsymbol{w}_{n-k}\right\} \geqq \lambda_k$$

が成り立つ．よって，

$$\sup\left\{\frac{{}^t\boldsymbol{x}A\boldsymbol{x}}{{}^t\boldsymbol{x}\boldsymbol{x}} : \boldsymbol{x} \neq 0,\ \boldsymbol{x} \perp \boldsymbol{w}_1, \boldsymbol{w}_2, \cdots, \boldsymbol{w}_{n-k}\right\} \geqq \lambda_k.$$

ここで，(4.2) より $\boldsymbol{w}_i = \boldsymbol{u}_{n-i+1}$ $(i = 1, 2, \cdots, n-k)$ とおくと，等号が成立する．

よって，

$$\inf_{w_1, w_2, \cdots, w_{n-k}} \sup_{\substack{x \neq 0 \\ x \perp w_1, w_2, \cdots, w_{n-k}}} \frac{{}^t\boldsymbol{x}A\boldsymbol{x}}{{}^t\boldsymbol{x}\boldsymbol{x}} = \lambda_k$$

が成り立つ．ところで，等号が成り立つベクトルが存在するから，inf と sup の代わりにそれぞれ min と max としてよい．したがって，求める結果が得られた．

定理 4.3 の (4.3) において，$n = k$ とすると集合 $\{w_1,\ w_2,\ \cdots,\ w_{n-k}\}$ は空集合になりますから

$$\max_{x \neq 0,\, x \in R^n} \frac{{}^t\boldsymbol{x}A\boldsymbol{x}}{{}^t\boldsymbol{x}\boldsymbol{x}} = \lambda_n$$

が得られます．また，(4.4) において，$k = 1$ とすると，やはり集合 $\{w_1,\ w_2,\ \cdots,\ w_{k-1}\}$ は空集合になりますから

$$\min_{x \neq 0,\, x \in R^n} \frac{{}^t\boldsymbol{x}A\boldsymbol{x}}{{}^t\boldsymbol{x}\boldsymbol{x}} = \lambda_1$$

が得られます．

最後に定理 4.3 の応用例を述べておきます．

$\lambda_i(A)$ で下から第 i 番目の n 次対称行列 A の固有値を表すことにします．この場合，$\lambda_1(A) \leqq \lambda_2(A) \leqq \cdots \leqq \lambda_n(A)$ となっています．

系 4.2　A, B は n 次対称行列とする．このとき，任意の整数 k $(1 \leqq k \leqq n)$ に対して

$$\lambda_k(A) + \lambda_1(B) \leqq \lambda_k(A+B) \leqq \lambda_k(A) + \lambda_n(B)$$

が成り立つ．

証明　任意の零でないベクトル $\boldsymbol{x} \in \boldsymbol{R}^n$ に対して

$$\lambda_1(B) \leqq \frac{{}^t\boldsymbol{x}B\boldsymbol{x}}{{}^t\boldsymbol{x}\boldsymbol{x}} \leqq \lambda_n(B)$$

が成り立つ．よって，任意の整数 k $(1 \leqq k \leqq n)$ に対して

$$\begin{aligned}
\lambda_k(A+B) &= \min_{w_1, w_2, \cdots, w_{n-k} \in R^n} \ \max_{\substack{x \neq 0,\, x \in R^n \\ x \perp w_1, w_2, \cdots, w_{n-k}}} \frac{{}^t\boldsymbol{x}(A+B)\boldsymbol{x}}{{}^t\boldsymbol{x}\boldsymbol{x}} \\
&= \min_{w_1, w_2, \cdots, w_{n-k} \in R^n} \ \max_{\substack{x \neq 0,\, x \in R^n \\ x \perp w_1, w_2, \cdots, w_{n-k}}} \left[\frac{{}^t\boldsymbol{x}A\boldsymbol{x}}{{}^t\boldsymbol{x}\boldsymbol{x}} + \frac{{}^t\boldsymbol{x}B\boldsymbol{x}}{{}^t\boldsymbol{x}\boldsymbol{x}} \right] \\
&\geqq \min_{w_1, w_2, \cdots, w_{n-k} \in R^n} \ \max_{\substack{x \neq 0,\, x \in R^n \\ x \perp w_1, w_2, \cdots, w_{n-k}}} \left[\frac{{}^t\boldsymbol{x}A\boldsymbol{x}}{{}^t\boldsymbol{x}\boldsymbol{x}} + \lambda_1(B) \right] \\
&= \lambda_k(A) + \lambda_1(B).
\end{aligned}$$

が成り立つ．したがって

$$\lambda_k(A+B) \geqq \lambda_k(A) + \lambda_1(B).$$

が示された．上界についても全く同様である．

§5 漸化式で定められる数列への応用

漸化式

$$a_0 = 0,\ a_1 = 1,\ a_{n+2} = a_{n+1} + a_n\ (n = 0, 1, 2, \cdots)$$

で定められる数列は，フィボナッチ数列と呼ばれています．ご存知の方が多いことでしょう．

本節では，このように漸化式で定められる数列の一般項を，線形写像とその表現行列を利用して求める話をします．

5.1 漸化式を満たす数列全体が作る線形空間とずらし変換

複素数を項とする無限数列

$$a_0,\ a_1,\ \cdots,\ a_n,\ \cdots$$

を $(a_0,\ a_1,\ \cdots,\ a_n,\ \cdots)$ あるいは略して (a_n) で表し，無限数列全体の集合を $\boldsymbol{C}^\infty$ で表すことにします．

$\boldsymbol{C}^\infty$ の 2 つの元 $\boldsymbol{a} = (a_n)$, $\boldsymbol{b} = (b_n)$ に対して，和 $\boldsymbol{a}+\boldsymbol{b}$ を

$$\boldsymbol{a} + \boldsymbol{b} = (a_0 + b_0,\ a_1 + b_1,\ \cdots,\ a_n + b_n,\ \cdots)$$

と定め，複素数 λ に対して，$\boldsymbol{a}$ のスカラー倍 $\lambda\boldsymbol{a}$ を

$$\lambda\boldsymbol{a} = (\lambda a_0,\ \lambda a_1,\ \cdots,\ \lambda a_n,\ \cdots)$$

と定めます．このとき，この加法とスカラー倍に関して $\boldsymbol{C}^\infty$ は複素数体 $\boldsymbol{C}$ 上の線形空間（ベクトル空間）になります（理論上は複素数にしてありますが，大半は実数の無限数列です．今後，任意の正方行列の固有値が関係してきますので，複素数の範囲で議論を進めています）．

次に，

$$V = \{(a_0,\ a_1,\ \cdots,\ a_n,\ \cdots) : a_{n+p} + c_1 a_{n+p-1} + \cdots + c_p a_n = 0,\ n = 0, 1, 2, \cdots\}$$

という集合を考えます．つまり，V は与えられた漸化式

$$a_{n+p} + c_1 a_{n+p-1} + \cdots + c_p a_n = 0 \quad (n = 0, 1, 2, \cdots) \tag{5.1}$$

を満たす数列の集合です．ここに，$a_i\,(i = n, \cdots, n+p)$，$c_j\,(j = 1, \cdots, p)$ は複素数です．(5.1)を**長さ p の1次漸化式**と呼ぶことにします．

明らかに $V \subset \boldsymbol{C}^\infty$ ですが，V は単なる部分集合でなく，$\boldsymbol{C}^\infty$ で定めた加法とスカラー倍に関して，線形空間 $\boldsymbol{C}^\infty$ の部分空間になります．

念のため V が部分空間であることを示しておきましょう．

$\boldsymbol{a} = (a_n)$，$\boldsymbol{b} = (b_n) \in V$ とし，$\lambda, \mu \in \boldsymbol{C}$ とします．このとき，

$$\lambda \boldsymbol{a} + \mu \boldsymbol{b} \in V$$

を示すことができれば，V は線形空間 $\boldsymbol{C}^\infty$ の部分空間になることがわかります．

$$\lambda \boldsymbol{a} = (\lambda a_0,\ \lambda a_1,\ \cdots,\ \lambda a_n,\ \cdots),\ \mu \boldsymbol{b} = (\mu b_0,\ \mu b_1,\ \cdots,\ \mu b_n,\ \cdots)$$

で，このとき

$$\begin{aligned}&(\lambda a_{n+p} + \mu b_{n+p}) + c_1(\lambda a_{n+p-1} + \mu b_{n+p-1}) + \cdots + c_p(\lambda a_n + \mu b_n)\\&= \lambda(a_{n+p} + c_1 a_{n+p-1} + \cdots + c_p a_n) + \mu(b_{n+p} + c_1 b_{n+p-1} + \cdots + c_p b_n) = 0\end{aligned}$$

が成り立ちます．このことは

$$\lambda \boldsymbol{a} + \mu \boldsymbol{b} \in V$$

を示しています．よって，V は部分空間であることが示されました．

ここで，線形空間 $\boldsymbol{C}^\infty$ から $\boldsymbol{C}^\infty$ への線形写像 T を定義しましょう．

$\boldsymbol{C}^\infty$ の各元 $\boldsymbol{a} = (a_n)$ に対して

$$T(a_n) = a_{n+1} \quad (n = 0, 1, \cdots)$$

と定義します．すなわち

$$T : (a_0,\ a_1,\ \cdots,\ a_n,\ \cdots) \to (a_1,\ a_2,\ \cdots,\ a_{n+1},\ \cdots)$$

という写像です．T が線形写像であることは，すぐに確かめることができます．

ところで，一般に線形空間 W から W 自身への線形写像は線形変換と言

われていますので，T のことを「**ずらし変換**」と呼ぶことにします．

ここで，ずらし変換 T の固有値とそれに属する固有ベクトルを求めてみましょう．

$\boldsymbol{C}^{\infty}$ の元 $\boldsymbol{a}=(a_n)$ と $\gamma \in \boldsymbol{C}$ に対して

$$T(\boldsymbol{a})=\gamma \boldsymbol{a}$$

が成り立っているとしましょう．そうすると

$$a_1=\gamma a_0,\ a_2=\gamma a_1,\ a_{n+1}=\gamma a_n,\ \cdots$$

が得られます．このことは，$\boldsymbol{a}=(a_n)$ が公比 γ の等比数列であることを示しています．

したがって，$\boldsymbol{C}$ の任意の元 γ はずらし変換 T の固有値で，固有値 γ に属する固有ベクトルは，等比数列

$$(1,\ \gamma,\ \gamma^2,\ \cdots,\ \gamma^n,\ \cdots)$$

の 0 でないスカラー倍であることがわかります．

ところで，$\boldsymbol{a} \in V$ のとき，$T(\boldsymbol{a}) \in V$ ですから，T の定義域，終域（T の像）を V に制限したものは，V の線形変換になっています．このことは次に利用することになります．

5.2　長さ 2 の 1 次漸化式

長さ 2 の 1 次漸化式は

$$a_{n+2}=c_1 a_{n+1}+c_2 a_n \quad (n=0,1,\cdots) \tag{5.2}$$

と書くことができます．

漸化式(5.2)を満たす数列全体の作る線形空間も V で表すことにします．

V の任意の元 $\boldsymbol{a}=(a_n)$ は，明らかにそのはじめの 2 項 a_0, a_1 の値によって完全に決定されます．また，はじめの 2 項の値は任意に与えることができます．

特に，はじめの 2 項が 0，1 である V の元を，それぞれ

$$\boldsymbol{e}_1=(1,\ 0,\ c_2,\ \cdots)$$

$$\boldsymbol{e}_2=(0,\ 1,\ c_1,\ \cdots)$$

とすると，$\boldsymbol{e}_1$, $\boldsymbol{e}_2$ は1次独立で，V の任意の元

$$\boldsymbol{a}=(a_0,\ a_1,\ \cdots,\ a_n,\ \cdots)$$

は $\boldsymbol{e}_1$, $\boldsymbol{e}_2$ の1次結合として

$$\boldsymbol{a}=a_0\boldsymbol{e}_1+a_1\boldsymbol{e}_2$$

と表されます．したがって，V は2次元の線形空間で，$\{e_1,\ e_2\}$ は一つの基底であることがわかります． この基底を V の**標準基底**と呼ぶことにします．一般の場合も同様に呼ぶことにします．

前節で述べたことにより，ずらし変換 T は V の線形変換になっています．

ここで，T の標準基底 $\boldsymbol{e}_1$, $\boldsymbol{e}_2$ に関する表現行列を求めてみましょう．

$$T(\boldsymbol{e}_1)=(0,\ c_2,\ \cdots)=c_2\boldsymbol{e}_2$$

$$T(\boldsymbol{e}_2)=(1,\ c_1,\ \cdots)=\boldsymbol{e}_1+c_1\boldsymbol{e}_2$$

となりますから，T の基底 e_1, e_2 に関する表現行列 A は

$$A=\begin{pmatrix}0 & 1\\ c_2 & c_1\end{pmatrix} \tag{5.3}$$

となります．

行列 A の固有多項式を $\phi_A(\lambda)$ で表すと

$$\phi_A(\lambda)=\lambda^2-c_1\lambda-c_2 \tag{5.4}$$

となります．

これを**漸化式**(5.2)の**固有多項式**と呼び，一般の場合も同様に呼ぶことにします．

前節で，T の固有値 γ に属する固有ベクトルは等比数列

$$(1,\ \gamma,\ \gamma^2,\ \cdots,\ \gamma^n,\ \cdots)$$

の0でないスカラー倍であることを述べました．

表現行列 A が異なる2つの固有値 α, β をもつならば，それらに属する固有ベクトル(の1つ)はそれぞれ

$$\boldsymbol{u}=(1,\ \alpha,\ \alpha^2,\ \cdots),\ \boldsymbol{v}=(1,\ \beta,\ \beta^2,\ \cdots)$$

となります．これらは1次独立ですから，V の任意の元 $\boldsymbol{a}=(a_n)$ は $\boldsymbol{u}$, $\boldsymbol{v}$ の1次結合として

$$\boldsymbol{a}=\lambda\boldsymbol{u}+\mu\boldsymbol{v}\quad(\lambda,\ \mu\in C)$$

と表すことができます．したがって

$$a_n = \lambda\alpha^n + \mu\beta^n \quad (n = 0, 1, \cdots) \tag{5.5}$$

が得られます．

ここで，具体例をあげましょう．

> **例 5.1**　フィボナッチ数列
>
> $$a_0 = 0,\ a_1 = 1,\ a_{n+2} = a_{n+1} + a_n \ (n = 0, 1, 2, \cdots)$$
>
> の一般項 a_n を求めよ．

解　ずらし変換 T の表現行列 A は

$$A = \begin{pmatrix} 0 & 1 \\ 1 & 1 \end{pmatrix}$$

となるから，A の固有多項式は $\phi_A(\lambda) = \lambda^2 - \lambda - 1$ である．よって，A の固有値は

$$\alpha = \frac{1+\sqrt{5}}{2}, \quad \beta = \frac{1-\sqrt{5}}{2}$$

したがって，(5.5) より，一般項 a_n は

$$a_n = \lambda\alpha^n + \mu\beta^n \quad (n = 0, 1, \cdots)$$

と書くことができる．ところで，$a_0 = 0$，$a_1 = 1$ であるから，

$$\lambda + \mu = 0, \quad \lambda\alpha + \mu\beta = 1$$

を得る．これを λ, μ について解くと

$$\lambda = \frac{1}{\sqrt{5}}, \quad \mu = -\frac{1}{\sqrt{5}}.$$

ゆえに，求める一般項は

$$a_n = \frac{1}{\sqrt{5}}\left(\frac{1+\sqrt{5}}{2}\right)^n - \frac{1}{\sqrt{5}}\left(\frac{1-\sqrt{5}}{2}\right)^n \ (n = 0, 1, \cdots)$$

である．

次に，A の 2 つの固有値が一致してしまう場合について述べましょう．この場合は，A の固有値 α $(= \beta)$ に属する 1 次独立な固有ベクトルが 2 つ存在

するとは限りません．

　だから，(5.5) を利用して，ただちに一般項を求めるというわけには行きません．

そのような場合は，次の定理を利用することになります．

定理 5.1 (ジョルダンの標準形)

　任意の正方行列 A は，あるジョルダン行列 J に相似である．すなわち，ある正方行列 P が存在して

$$P^{-1}AP = J$$

となる．このとき，J はジョルダン細胞の並び方をのぞけば一意的に定まる．この J を A の**ジョルダン標準形**といい，P を**変換行列**という．

　少し注釈を付けましょう．

　一般に，k 次の正方行列

$$\begin{pmatrix} \lambda & 1 & 0 & \cdots & 0 \\ 0 & \lambda & 1 & 0 & 0 \\ \cdots & \cdots & \cdots & \cdots & \cdots \\ 0 & \cdots & 0 & \lambda & 1 \\ 0 & \cdots & 0 & 0 & \lambda \end{pmatrix}$$

を λ に対する k 次の**ジョルダン細胞**と言います．2 次の場合は $\begin{pmatrix} \lambda & 1 \\ 0 & \lambda \end{pmatrix}$ となります．

　幾つかのジョルダン細胞 J_1, J_2, $\cdots$, J_p を対角線上に並べてできる次のような行列

$$\begin{pmatrix} J_1 & & & \\ & J_2 & & O \\ & & \ddots & \\ & O & & J_p \end{pmatrix}$$

を**ジョルダン行列**と言います．ここに，J_1, J_2, $\cdots$, J_p の次数は同じでも異なってもかまいません．

では，具体例で固有値が一致してしまう場合の一般項の求め方について説明しましょう．

> **例 5.2**　漸化式
> $$a_0 = 1,\ a_1 = 6,\ a_{n+2} - 6a_{n+1} + 9a_n = 0 \quad (n = 0, 1, 2, \cdots)$$
> で定められる数列の一般項 a_n を求めよ．

解　ずらし変換 T の表現行列 A は(5.3)より

$$A = \begin{pmatrix} 0 & 1 \\ -9 & 6 \end{pmatrix}$$

となるから，A の固有多項式は $\phi_A(\lambda) = (\lambda - 3)^2$ である．よって，A の固有値は3のみである．

3に対する2次のジョルダン細胞を $\begin{pmatrix} 3 & 1 \\ 0 & 3 \end{pmatrix}$ とすると，これは行列 A のジョルダン標準形になっている．すなわち，ある正則行列 P が存在して

$$P^{-1}AP = J \quad \left(J = \begin{pmatrix} 3 & 1 \\ 0 & 3 \end{pmatrix}\right) \tag{5.6}$$

となる．ここで，$P = (\boldsymbol{u},\ \boldsymbol{v})$ とおくと，P は正則行列であるから $\boldsymbol{u},\ \boldsymbol{v}$ は1次独立なベクトルである．

(5.6)より，$AP = PJ$ となるから，$P = (\boldsymbol{u},\ \boldsymbol{v})$ より

$$(A\boldsymbol{u} \quad A\boldsymbol{v}) = (\boldsymbol{u} \quad \boldsymbol{v})\begin{pmatrix} 3 & 1 \\ 0 & 3 \end{pmatrix}$$

すなわち，

$$A\boldsymbol{u} = 3\boldsymbol{u},\ \ A\boldsymbol{v} = \boldsymbol{u} + 3\boldsymbol{v} \tag{5.7}$$

を得る．

ここで，A は T の表現行列であることに注意すれば

$$T(\boldsymbol{u}) = 3\boldsymbol{u},\ \ T(\boldsymbol{v}) = \boldsymbol{u} + 3\boldsymbol{v}$$

が得られる．

よって，前節の結果から，固有値3に属する固有ベクトル(の1つ)は

$$\boldsymbol{u} = (1,\ 3,\ 3^2,\ \cdots)$$

であることがわかる．いま

$$\boldsymbol{v}=(v_0,\ v_1,\ \cdots,\ v_n,\ \cdots)$$

とおくと，$T(\boldsymbol{v})=\boldsymbol{u}+3\boldsymbol{v}$ から

$$(v_1,\ \cdots,\ v_n,\ v_{n+1},\ \cdots)=(1,\ 3,\ 3^2,\ \cdots,\ 3^n,\ \cdots)+3(v_0,\ v_1,\ \cdots,\ v_n,\ \cdots)$$

となるから，

$$v_{n+1}=3^n+3v_n \quad (n=0,1,2,\cdots)$$

が得られる．この式の両辺を 3^{n+1} で割ると

$$\frac{v_{n+1}}{3^{n+1}}=\frac{v_n}{3^n}+\frac{1}{3} \quad (n=0,1,2,\cdots)$$

となる．

この式は，数列 $\left\{\frac{v_n}{3^n}\right\}$ が初項が $\frac{v_0}{3^0}$ で，公差が $\frac{1}{3}$ の等差数列であることを意味している．よって，

$$\frac{v_n}{3^n}=\frac{v_0}{3^0}+\frac{1}{3}n$$

を得る．いま，$v_0=0$ とおくと（$\boldsymbol{u}$ と 1 次独立なベクトルを 1 つ見つければよいので $v_0=0$ としてよい），

$$v_n=n3^{n-1} \quad (n=0,1,2,\cdots)$$

を得る．V の任意の元 $\boldsymbol{a}=(a_n)$ は $\boldsymbol{u}=(u_n)$，$\boldsymbol{v}=(v_n)$
の 1 次結合で表されるから

$$a_n=\lambda 3^n+\mu(n3^{n-1}) \quad (n=0,1,\cdots)$$

と書くことができる．与えられた初期条件 $a_0=1$，$a_1=6$ より

$$\lambda=1,\ \ 3\lambda+\mu=6$$

となるから，$\lambda=1$，$\mu=3$ を得る．よって，一般項は

$$a_n=(n+1)3^n.$$

である．

問 5.2　次の漸化式 $(n=0,1,\cdots)$ で定められる数列 $\{a_n\}$ の一般項を求めよ．

(1) $a_{n+2}=a_{n+1}-3a_n=0 \quad (a_0=0,\ a_1=1)$

(2) $4a_{n+2}-4a_{n+1}+a_n=0 \quad (a_0=1,\ a_1=2)$

5.3　長さが 3 以上の 1 次漸化式

長さ 3 の 1 次漸化式

$$a_{n+3}=c_1a_{n+2}+c_2a_{n+1}+c_3a_n \ (n=0,1,\cdots) \tag{5.8}$$

についても，長さ 2 の 1 次漸化式と同様に話を進めることができます．

ここでも，(5.8)を満たす数列 $\boldsymbol{a}=(a_n)$ 全体の集合を V で表します．V は 3 次元の線形空間になります．

いま，V の 3 つのベクトル

$$\boldsymbol{e}_1=(1,\ 0,\ 0,\ c_3,\ \cdots)$$
$$\boldsymbol{e}_2=(0,\ 1,\ 0,\ c_2,\ \cdots)$$
$$\boldsymbol{e}_3=(0,\ 0,\ 1,\ c_1,\ \cdots)$$

を選ぶと，これらは V の 1 つの基底になります．この標準基底に関するずらし変換 T の表現行列 A は

$$T(\boldsymbol{e}_1)=(0,\ 0,\ c_3,\ \cdots)=c_3\boldsymbol{e}_3$$
$$T(\boldsymbol{e}_2)=(1,\ 0,\ c_2,\ \cdots)=\boldsymbol{e}_1+c_2\boldsymbol{e}_3$$
$$T(\boldsymbol{e}_3)=(0,\ 1,\ c_1,\ \cdots)=\boldsymbol{e}_2+c_1\boldsymbol{e}_3$$

より

$$A=\begin{pmatrix} 0 & 1 & 0 \\ 0 & 0 & 1 \\ c_3 & c_2 & c_1 \end{pmatrix} \tag{5.9}$$

となります．したがって，A の固有多項式 $\phi_A(\lambda)$ は

$$\phi_A(\lambda)=\lambda^3-c_1\lambda^2-c_2\lambda-c_3 \tag{5.10}$$

となります．この固有多項式を**漸化式の固有多項式**と呼ぶことにします．

よって，(5.10) が 3 つの相異なる解 α, β, γ を持つならば，3 つの等比数列 $\{\alpha^n\}$, $\{\beta^n\}$, $\{\gamma^n\}$ がこの線形空間の基底になることが，5.2 節で述べたことからわかります．

ゆえに，V の任意の元 $\boldsymbol{a}=(a_n)$ の一般項は

$$a_n=\lambda_1\alpha^n+\lambda_2\beta^n+\lambda_3\gamma^n \quad (n=0,1,\cdots) \tag{5.11}$$

と表されます．ここに，λ_1, λ_2, λ_3 は任意の複素数です．

(5.10) の 3 つの解が相異なるとは限らないときは，5.2 節で述べたように，ジョルダンの標準形を利用することになります．

具体例を通して話を進めましょう．

例 5.3　$a_0=1$, $a_1=3$, $a_2=9$ であって，漸化式

$$a_{n+3}-6a_{n+2}+12a_{n+1}-8a_n=0 \ (n=0,1,2,\cdots)$$

で定められる数列 $\{a_n\}$ の一般項を求めよ．

解　V の標準基底 $\boldsymbol{e}_1=(1,\ 0,\ 0,\ 8,\ \cdots)$, $\boldsymbol{e}_2=(0,\ 1,\ 0,\ -12,\ \cdots)$, $\boldsymbol{e}_3=(0,\ 0,\ 1,\ 6,\ \cdots)$ に関するずらし変換 T の表現行列 A は，(5.9) より

$$A=\begin{pmatrix}0 & 1 & 0\\ 0 & 0 & 1\\ 8 & -12 & 6\end{pmatrix}$$

となるから，漸化式の固有多項式は，(5.10) より

$$\phi_A(\lambda)=\lambda^3-6\lambda^2+12\lambda-8=(\lambda-2)^3$$

となる．よって，A の固有値は 2 のみである．この場合は，定理 5.1 から，

$$P^{-1}AP=\begin{pmatrix}2 & 1 & 0\\ 0 & 2 & 1\\ 0 & 0 & 2\end{pmatrix} \text{すなわち } AP=P\begin{pmatrix}2 & 1 & 0\\ 0 & 2 & 1\\ 0 & 0 & 2\end{pmatrix}$$

となる正則行列 $P=(\boldsymbol{u}\ \ \boldsymbol{v}\ \ \boldsymbol{w})$ が存在することがわかる．

この式から，ただちに

$$(A\boldsymbol{u}\quad A\boldsymbol{v}\quad A\boldsymbol{w})=(2\boldsymbol{u}\quad \boldsymbol{u}+2\boldsymbol{v}\quad \boldsymbol{v}+2\boldsymbol{w})$$

が得られるから，

$$A\boldsymbol{u} = 2\boldsymbol{u},\ A\boldsymbol{v} = \boldsymbol{u} + 2\boldsymbol{v},\ A\boldsymbol{w} = \boldsymbol{v} + 2\boldsymbol{w}$$

という関係式を得ることができる．

A は T の基底 $\boldsymbol{e}_1$, $\boldsymbol{e}_2$, $\boldsymbol{e}_3$ に関する表現行列であるから，

$$T(\boldsymbol{u}) = 2\boldsymbol{u},\ T(\boldsymbol{v}) = \boldsymbol{u} + 2\boldsymbol{v},\ T(\boldsymbol{w}) = \boldsymbol{v} + 2\boldsymbol{w} \tag{5.12}$$

が得られる．

T の固有値 2 に属する固有ベクトルとして，$\boldsymbol{u} = (1,\ 2,\ 2^2,\ \cdots)$ を選び，$\boldsymbol{v} = (v_0, v_1, \cdots, v_n, \cdots)$ とする．このとき，(5.12)の第 2 番目の関係式から

$$(v_1,\ \cdots,\ v_n,\ v_{n+1},\ \cdots) = (1,\ 2,\ \cdots,\ 2^n,\ \cdots) + 2(v_0,\ v_1,\ \cdots,\ v_n,\ \cdots)$$

となるから，

$$v_{n+1} = 2v_n + 2^n \quad (n = 0, 1, 2, \cdots)$$

が得られる．この式の両辺を 2^{n+1} で割ると

$$\frac{v_{n+1}}{2^{n+1}} = \frac{v_n}{2^n} + \frac{1}{2} \quad (n = 0, 1, 2, \cdots)$$

となる．

この式は，数列 $\left\{\dfrac{v_n}{2^n}\right\}$ が初項が $\dfrac{v_0}{2^0}$ で，公差が $\dfrac{1}{2}$ の等差数列であることを示している．よって，$v_0 = 0$ とおくと

$$v_n = n2^{n-1} \quad (n = 0, 1, 2, \cdots)$$

となる．次に $\boldsymbol{w} = (w_0,\ w_1,\ \cdots,\ w_n,\ \cdots)$ とする．そうすると，(5.12) の最後の関係式から

$$(w_1, \cdots, w_n, w_{n+1}, \cdots) = (0, 1 \cdot 2^0, \cdots, n \cdot 2^{n-1}, \cdots) + 2(w_0, w_1, \cdots, w_n, \cdots)$$

が得られ，この式から，漸化式

$$w_{n+1} = 2w_n + n \cdot 2^{n-1} \quad (n = 0, 1, 2, \cdots)$$

が得られる．この式の両辺を 2^{n+1} で割ると

$$\frac{w_{n+1}}{2^{n+1}} = \frac{w_n}{2^n} + \frac{n}{4} \quad (n = 0, 1, 2, \cdots)$$

となる．いま，$c_n=\dfrac{w_n}{2^n}$ とおくと，$c_{n+1}=c_n+\dfrac{n}{4}$ となり $c_1=c_0$，$c_2=c_1+\dfrac{1}{4}$，$c_n=c_{n-1}+\dfrac{n-1}{4}$ が得られる．辺々を加えることにより

$$c_n=c_0+\frac{1}{4}\times\frac{n(n-1)}{2}$$

が得られる．ここで，$c_0=0$ とおくと

$$c_n=\frac{1}{4}\times\frac{n(n-1)}{2}$$

となり，

$$w_n=\frac{n(n-1)}{2}2^{n-2}\quad(n=0,1,2,\cdots)$$

が得られる．$\boldsymbol{u}$, $\boldsymbol{v}$, $\boldsymbol{w}$ は1次独立であるから，一般項は

$$a_n=\lambda_1 2^n+\lambda_2 n2^{n-1}+\lambda_3\frac{n(n-1)}{2}2^{n-2}$$

と書くことができる．ところで，初期条件 $a_0=1$，$a_1=3$, $a_2=9$ より，$\lambda_1=\lambda_2=\lambda_3=1$ となるから，求める一般項は

$$a_n=2^n+\binom{n}{1}2^{n-1}+\binom{n}{2}2^{n-2}\quad(n=0,1,2,\cdots)$$

となる．ここに，$\binom{n}{k}$ は ${}_n\mathrm{C}_k$ のことである．

上記のことから，おおよその見当がつくと思いますが，一般には次のことが成り立ちます．

定理 5.2　長さ p の1次漸化式

$$a_{n+p}+c_1a_{n+p-1}+\cdots+c_pa_n=0\ (n=0,1,\cdots)$$

の固有多項式

$$\phi_A(\lambda)=\lambda^p+c_1\lambda^{p-1}+c_2\lambda+\cdots+c_p$$

が

$$\phi_A(\lambda)=(\lambda-\alpha_1)^{n_1}(\lambda-\alpha_2)^{n_2}\cdots(\lambda-\alpha_s)^{n_s}$$

（α_2，a_2，…，α_s は相異なる複素数で $n_1+n_2+\cdots+n_s=p$）

と因数分解されるならば，上記の漸化式を満たす数列の一般項 a_n は

$$\alpha_1^n,\ \binom{n}{1}\alpha_1^{n-1},\ \cdots,\ \binom{n}{n_1-1}\alpha_1^{n-n_1+1},$$

$$\cdots\cdots\cdots\cdots\cdots\cdots$$

$$\alpha_s^n,\ \binom{n}{1}\alpha_s^{n-1},\ \cdots,\ \binom{n}{n_s-1}\alpha_s^{n-n_s+1}$$

の1次結合として表される．

特に，$\phi_A(\lambda)$ が p の相異なる解，$\alpha_1,\ \alpha_2,\ \cdots,\ \alpha_p$ を持つならば

$$a_n = \lambda_1\alpha_1^n + \lambda_2\alpha_2^n + \cdots + \lambda_p\alpha_p^n$$

となる．

問 5.2　次の漸化式 $(n=0,1,\cdots)$ で定められる数列 $\{a_n\}$ の一般項を求めよ．

(1) $a_{n+3}-4a_{n+2}+a_{n+1}+6a_n=0 \quad (a_0=1,\ a_1=12,\ a_2=24)$

(2) $a_{n+3}+4a_{n+2}+a_{n+1}-6a_n=0 \quad (a_0=4,\ a_1=-3,\ a_2=15)$

(3) $a_{n+4}-a_{n+3}-3a_{n+2}+a_{n+1}+2a_n=0 \quad (a_0=3,\ a_1=4,\ a_2=2,\ a_3=14)$

---

§6 不等式への応用

文字はすべて実数とします．このとき，次のような不等式の証明問題は，高校の頃から馴染み深いことでしょう．

(1)　$x^2 - xy + y^2 \geqq 0$

(2)　$x^2 + y^2 + z^2 \geqq xy + yz + zx$

(3)　$(a^2 + b^2 + c^2)(x^2 + y^2 + z^2) \geqq (ax + by + cz)^2$

ここでは，このような不等式を線形代数的手法で証明する話をします．

6.1　不等式「$x^2 - xy + y^2 \geqq 0$」の線形代数的証明

一般論を展開する前に，不等式

$$x^2 - xy + y^2 \geqq 0 \quad (\text{等号は } x = y = 0 \text{ に限る}) \tag{6.1}$$

を線形代数的手法で証明してみましょう．

いま，$F = x^2 - xy + y^2$ とおくと，F は x, y に関する 2 次形式です（2 次形式については §4 の「最大・最小への応用」を参照して下さい）．

$$F(x \quad y)\begin{pmatrix} 1 & -\frac{1}{2} \\ -\frac{1}{2} & 1 \end{pmatrix}\begin{pmatrix} x \\ y \end{pmatrix}$$

となりますから，F の係数行列は $A = \begin{pmatrix} 1 & -\frac{1}{2} \\ -\frac{1}{2} & 1 \end{pmatrix}$ となります．このとき，A の固有値は $\dfrac{1}{2}$，$\dfrac{3}{2}$ ですから，ある適当な直交変換 $\boldsymbol{x} = UX\left(\boldsymbol{x} = \begin{pmatrix} x \\ y \end{pmatrix},\ X = \begin{pmatrix} X \\ Y \end{pmatrix}\right)$ により

$$F=\frac{1}{2}X^2+\frac{3}{2}Y^2\geqq 0 \tag{6.2}$$

となります．

等号は，(6.2) から $X=Y=0$ のときに限り成り立つことがわかりますから，$x=y=0$ のときに限り成り立つこともわかります．

さて，不等式 (6.1) を証明することは，2 次形式の符号を調べることに他ならないことが，上記のことからわかります．

そこで，次に 2 次形式の符号の話に移りましょう．

6.2　2 次形式の符号

$A=(a_{ij})$ は n 次の実対称行列とし，$\boldsymbol{x}={}^t(x_1\ x_2\ \cdots\ x_n)$ は n 次元ベクトルとします．このとき，2 次形式 $F={}^t\boldsymbol{x}A\boldsymbol{x}$ は，零ベクトルでないすべての $\boldsymbol{x}\in\boldsymbol{R}^n$ に対してつねに

（i）${}^t\boldsymbol{x}A\boldsymbol{x}>0$ のとき，　**正値**

（ii）${}^t\boldsymbol{x}A\boldsymbol{x}<0$ のとき，　**負値**

（iii）${}^t\boldsymbol{x}A\boldsymbol{x}\geqq 0$ のとき，　**半正値**

（iv）${}^t\boldsymbol{x}A\boldsymbol{x}\leqq 0$ のとき，　**半負値**

と言います．

また，${}^t\boldsymbol{x}A\boldsymbol{x}$ が正のときも負のときもある場合は，**不定符号**あるいは**不定値**と言います．

例えば，x^2+y^2 は正値であり，$x^2+2xy+y^2$ は半正値です（$x=-y$ のとき 0 となるから）．また，x^2-y^2 は不定符号です．

2 次形式 ${}^t\boldsymbol{x}A\boldsymbol{x}$ が正値，負値，半正値，半負値，不定符号であるとき，実対称行列 A も同じように，それぞれ正値，負値，半正値，半負値，不定符号と言います．

例えば，$x^2+2xy+y^2$ の係数行列 A は $\begin{pmatrix}1 & 1\\ 1 & 1\end{pmatrix}$ ですから，行列 $\begin{pmatrix}1 & 1\\ 1 & 1\end{pmatrix}$ は半正値です．

2次形式 $F={}^t\boldsymbol{x}A\boldsymbol{x}$ は適当な直交変換 $\boldsymbol{x}=U\boldsymbol{y}$ $(\boldsymbol{y}={}^t(y_1\ y_2\ \cdots\ y_n))$ により

$$F=\lambda_1 y_1^2+\cdots+\lambda_n y_n^2$$

となります．ここに，λ_i $(i=1,\cdots,n)$ は A の固有値です．

明らかに「$\boldsymbol{x}\neq\boldsymbol{0}\Leftrightarrow\boldsymbol{y}\neq\boldsymbol{0}$」ですから，すべての λ_i が正ならば，F は正値であることがわかります．

次に，A が0を固有値に持つとしましょう．例えば，$\lambda_1=0$ で，$\lambda_i\neq 0$ $(i\geqq 2)$ とします．このとき，$\boldsymbol{y}={}^t(1\ 0\ \cdots\ 0)$ とすると $F=0$ となります．したがって，この場合は半正値になります．

また，${}^t\boldsymbol{x}A\boldsymbol{x}$ が負値のときは，$-{}^t\boldsymbol{x}A\boldsymbol{x}$ が正値となります．以上のことから次の定理がただちに得られます．

定理 6.1　2次形式 $F={}^t\boldsymbol{x}A\boldsymbol{x}$ に対して次が成り立つ．

(1) F が正値(負値) $\Leftrightarrow$ A の固有値はすべて正数(負数)

(2) F が半正値(半負値) $\Leftrightarrow$ A の固有値に負(正)はなく0がある．

(3) F が不定符号 $\Leftrightarrow$ A の固有値に正も負もある．

ここで，定理6.1の応用例を与えよう．

例 6.1　任意の実数 x, y, z に対して，次の不等式が成り立つことを証明せよ．

$$x^2+y^2+z^2\geqq xy+yz+zx\qquad(\text{等号は } x=y=z \text{ のときに限る})$$

解　$F=x^2+y^2+z^2-xy-yz-zx$

とおくと，F は x, y, z の2次形式である．F は

$$F=(x\ \ y\ \ z)\begin{pmatrix}1 & -\frac{1}{2} & -\frac{1}{2}\\ -\frac{1}{2} & 1 & -\frac{1}{2}\\ -\frac{1}{2} & -\frac{1}{2} & 1\end{pmatrix}\begin{pmatrix}x\\ y\\ z\end{pmatrix}(={}^t\boldsymbol{x}A\boldsymbol{x})$$

と書くことができるから，係数行列 A の固有値は 0, $\dfrac{3}{2}$, $\dfrac{3}{2}$ である．よって，定理6.1から，F は半正値である．すなわち，$(x,\ y,\ z)\neq(0,\ 0,\ 0)$ のと

き $F \geqq 0$ である．また，明らかに，$(x, y, z)=(0, 0, 0)$ のとき，$F=0$．したがって

$$x^2+y^2+z^2 \geqq xy+yz+zx$$

が得られる．

0 は係数行列 A の最小な固有値であるから，0 に属する固有ベクトルを求めれば，$(x, y, z)=(0, 0, 0)$ 以外に等号を成立させる x, y, z を求めることができる．0 に属する固有ベクトルは

$$c\begin{pmatrix}1\\1\\1\end{pmatrix}\ (c \neq 0)$$

であるから，等号は($x=y=z=0$ の場合を含めて) $x=y=z$ のとき成立する．逆に $x=y=z$ ならば明らかに等号は成立する．これで証明は完了した．

問 6.1　定理 6.1 を用いて，次の不等式を証明せよ．

(1)　$x^2+xy+y^2 \geqq 0$

(2)　$2x^2+3y^2+4z^2 \geqq 4xy-4yz$

係数行列の固有値の符号を利用して，2 次形式の符号を調べることは，理論上はきれいですが，必ずしも応用上便利とは言えません．

そこで，正値かどうかを判定するのに，固有値を利用しないで済む方法を述べましょう．

一般論に入る前に x, y に関する 2 次形式

$$F=ax^2+2hxy+by^2 \quad (a \neq 0)$$

の場合を考えてみましょう．

$$F=a\left(x+\frac{h}{a}y\right)^2+\frac{ab-h^2}{a}y^2$$

ですから，

$$a>0, \quad ab-h^2>0 \tag{6.3}$$

ならば，F は正値となることがわかります．

ところで，$ab-h^2$ は2次形式 F の係数行列 $\begin{pmatrix} a & h \\ h & a \end{pmatrix}$ の行列式の値です．そこで，(6.3)を行列式を用いて書くと

$$a>0,\quad \begin{vmatrix} a & h \\ h & a \end{vmatrix}>0$$

となります．

n 変数の場合にも，これを一般化した次の定理が成り立ちます．

定理6.2　n 次対称行列 $A=(a_{ij})$ に対して

$$A_k=\begin{pmatrix} a_{11} & \cdots & a_{1k} \\ \cdots & & \cdots \\ a_{k1} & \cdots & a_{kk} \end{pmatrix}\ (k=1,2,\cdots,n)$$

とおくとき，2次形式 $F={}^t\boldsymbol{x}A\boldsymbol{x}$ が正値であるための必要十分条件は $|A_k|>0\ (k=1,2,\cdots,n)$ となることである．すなわち，

$$a_{11}>0,\ \begin{vmatrix} a_{11} & a_{12} \\ a_{21} & a_{22} \end{vmatrix}>0,\ \cdots,\ \begin{vmatrix} a_{11} & \cdots & a_{1n} \\ \cdots & & \cdots \\ a_{n1} & & a_{nn} \end{vmatrix}>0$$

となることである．

証明　A は正値とする．任意のベクトル $\boldsymbol{x}={}^t(x_1\ x_2\cdots\ x_n)$ に対して，$\boldsymbol{x}_{(k)}={}^t(x_1\ x_2\ x_k\ 0\ \cdots\ 0)$ とおくと，$(x_1\cdots x_k)A_k\begin{pmatrix} x_1 \\ \vdots \\ x_k \end{pmatrix}$ の値と ${}^t\boldsymbol{x}_{(k)}A\boldsymbol{x}_{(k)}$ の値は等しい．よって，A は正値であるから，A_k も正値である．定理6.1より，A_k の固有値 λ_i はすべて正．したがって，

$$|A_k|=\lambda_1\lambda_2\cdots\lambda_k>0.$$

次に，逆が成り立つことを帰納法で証明しよう．

そのためには，A_{n-1} が正値で，$|A|>0$ であれば，$A=A_n$ が正値(すなわち ${}^t\boldsymbol{x}A\boldsymbol{x}$ が正値)であることを示せばよい．そこで，$\boldsymbol{a}=\begin{pmatrix} a_{1n} \\ \vdots \\ a_{n-1n} \end{pmatrix}$ とおく．A は

対称行列だから

$$A = \begin{pmatrix} A_{n-1} & \boldsymbol{a} \\ {}^t\boldsymbol{a} & a_{nn} \end{pmatrix}$$

と表される．$|A_{n-1}| > 0$ であるから，${A_{n-1}}^{-1}$ が存在する．いま，

$P = \begin{pmatrix} E_{n-1} & -(A_{n-1})^{-1}\boldsymbol{a} \\ {}^t\boldsymbol{0} & 1 \end{pmatrix}$ とおくと

$$AP = \begin{pmatrix} A_{n-1} & \boldsymbol{0} \\ {}^t a & c \end{pmatrix}$$

となる．さらに

$${}^tPAP = \begin{pmatrix} A_{n-1} & \boldsymbol{0} \\ \boldsymbol{0} & c \end{pmatrix} \tag{6.4}$$

となる．ここに，c はある定数である．

式(6.4)の両辺の行列式をとると，$|P| = 1$ であるから，$|P| = |{}^tP|$ より，

$$|A| = |A_{n-1}|c$$

を得る．よって，

$$c = \frac{|A|}{|A_{n-1}|} > 0$$

となることがわかる．

ここで，${}^t\boldsymbol{x}A\boldsymbol{x}$ に変換 $\boldsymbol{x} = P\boldsymbol{y}$ を施すと

$${}^t\boldsymbol{x}A\boldsymbol{x} = {}^t\boldsymbol{y}({}^tPAP)\boldsymbol{y} = (y_1 \cdots y_{n-1})A_{n-1}\begin{pmatrix} y_1 \\ \vdots \\ y_{n-1} \end{pmatrix} + cy_n^2 \tag{6.5}$$

となる．ここに，$\boldsymbol{y} = {}^t(y_1\ y_2\ \cdots\ y_n)$ である．

ところで，A_{n-1} は正値で，$c > 0$ である．また，$\boldsymbol{x} \neq \boldsymbol{0}$ のとき $\boldsymbol{y} \neq \boldsymbol{0}$ である．よって，(6.5)は $\boldsymbol{x} \neq \boldsymbol{0}$ のとき正の値をとる．このことは，(6.5)が正値であることを示している．

したがって，定理は証明された．

例 6.2　次の2次形式 F の符号を判定せよ．

(1)　$3x^2+3y^2+6z^2+2xy-4yz-4zx$

(2)　$5x^2+2y^2+5z^2+4xy+4yz-2zx$

(3)　$yz-zx-xy$

解　(1)　$F=(x\ \ y\ \ z)\begin{pmatrix} 3 & 1 & -2 \\ 1 & 3 & -2 \\ -2 & -2 & 6 \end{pmatrix}\begin{pmatrix} x \\ y \\ z \end{pmatrix}$ となるから，F の係数行列は

$A=\begin{pmatrix} 3 & 1 & -2 \\ 1 & 3 & -2 \\ -2 & -2 & 6 \end{pmatrix}$．このとき，

$$3>0,\ \begin{vmatrix} 3 & 1 \\ 1 & 3 \end{vmatrix}=8>0,\ \begin{vmatrix} 3 & 1 & -2 \\ 1 & 3 & -2 \\ -2 & -2 & 6 \end{vmatrix}=32>0.$$

ゆえに，定理 6.2 から F は正値．

(2)　$F(x\ \ y\ \ z)\begin{pmatrix} 5 & 2 & -1 \\ 2 & 2 & 2 \\ -1 & 2 & 5 \end{pmatrix}\begin{pmatrix} x \\ y \\ z \end{pmatrix}$ より，F の係数行列の固有値は 0, 6, 6.

よって，定理 6.1 から，F は半正値．

(3) $F(x,\ y,\ z)=yz-zx-xy$ とおく．このとき，

$$F(1,\ 0,\ 1)=-1,\ \ F(1,\ 2,\ 3)=1.$$

符号が正にも負にもなるから F は不定符号．

問 6.2　次の不等式がつねに成り立つように定数 a の範囲を定めよ．

(1) $(x,\ y)\neq(0,\ 0)$ のとき，$ax^2-2xy+ay^2>0$

(2) $(x,\ y,\ z)\neq(0,\ 0,\ 0)$ のとき，

$$x^2+2ay^2+5z^2+4ayz-2zx>0$$

問 6.3　定理 6.2 において2次形式 $F={}^t\boldsymbol{x}A\boldsymbol{x}$ が負値であるための必要十分条件は各 k に対して $(-1)^k|A_k|>0$ $(k=1,2,\cdots,n)$ であることを示せ．

6.3　コーシーの不等式とその一般化

不等式

$$(a_1^2+a_2^2+\cdots+a_n^2)(b_1^2+b_2^2+\cdots+b_n^2) \geqq (a_1b_1+a_2b_2+\cdots+a_nb_n)^2 \qquad (6.5)$$

（等号は $a_1:b_1=a_2:b_2=\cdots=a_n:b_n$ のときに限る）

は**コーシー**（Cauchy）**の不等式**あるいは**コーシー・シュワルツ**（Cauchy–Schwarz）**の不等式**と呼ばれており，よく知られている不等式です．

式(6.5)で自明でない最も簡単な場合は

$$(a_1^2+a_2^2)(b_1^2+b_2^2) \geqq (a_1b_1+a_2b_2)^2 \qquad (6.6)$$

の形でしょう．

不等式(6.6)は行列式の性質

$$|{}^tA|=|A|, \quad |AB|=|A||B|$$

を利用して簡単に示すことができます．

$$\left|\begin{pmatrix} a_1 & a_2 \\ b_1 & b_2 \end{pmatrix}\begin{pmatrix} a_1 & b_1 \\ a_2 & b_2 \end{pmatrix}\right| = \begin{vmatrix} a_1 & a_2 \\ b_1 & b_2 \end{vmatrix}\begin{vmatrix} a_1 & b_1 \\ a_2 & b_2 \end{vmatrix} = \begin{vmatrix} a_1 & a_2 \\ b_1 & b_2 \end{vmatrix}^2 \geqq 0 \qquad (6.7)$$

一方

$$\begin{aligned}\left|\begin{pmatrix} a_1 & a_2 \\ b_1 & b_2 \end{pmatrix}\begin{pmatrix} a_1 & b_1 \\ a_2 & b_2 \end{pmatrix}\right| &= \begin{vmatrix} a_1^2+a_2^2 & a_1b_1+a_2b_2 \\ a_1b_1+a_2b_2 & b_1^2+b_2^2 \end{vmatrix} \\ &= (a_1^2+a_2^2)(b_1^2+b_2^2)-(a_1b_1+a_2b_2)^2 \end{aligned} \qquad (6.8)$$

よって，(6.7)と(6.8)から(6.6)が得られます．

等号は(6.7)から $a_1:b_1=a_2:b_2$ のときに限り成り立つこともわかります．では，

$$(a_1^2+a_2^2+a_3^2)(b_1^2+b_2^2+b_3^2) \geqq (a_1b_1+a_2b_2+a_3b_3)^2 \qquad (6.9)$$

の場合の証明はどうでしょうか．

この場合は，不等式(6.6)のようにはうまく行きません．そこで，別な方法を考えることにします．

ここで，記号の約束をします．

2つの行ベクトル $\boldsymbol{a}=(a_1\ a_2\ a_3)$，$\boldsymbol{b}=(b_1\ b_2\ b_3)$ に対して，その内積

(すなわち $a_1b_1+a_2b_2+a_3b_3$) を $(\boldsymbol{a},\ \boldsymbol{b})$ で表し，ベクトル $\boldsymbol{a}$ の大きさ(ノルム)を $|\boldsymbol{a}|$ $(=\sqrt{a_1^2+a_2^2+a_3^2})$ で表します．

最初にベクトル $\boldsymbol{a}$ と $\boldsymbol{b}$ が1次独立な場合を考えます．$(x,\ y)\neq(0,\ 0)$ である任意の実数 $x,\ y$ に対して

$$
\begin{aligned}
&0<|x\boldsymbol{a}+y\boldsymbol{b}|^2=(x\boldsymbol{a}+y\boldsymbol{b},\ x\boldsymbol{a}+y\boldsymbol{b})\\
&=(\boldsymbol{a},\ \boldsymbol{a})x^2+(\boldsymbol{b},\ \boldsymbol{a})xy+(\boldsymbol{a},\ \boldsymbol{b})xy+(\boldsymbol{b},\ \boldsymbol{b})y^2\\
&=(x\ \ y)\begin{pmatrix}(\boldsymbol{a},\ \boldsymbol{a}) & (\boldsymbol{a},\ \boldsymbol{b})\\ (\boldsymbol{b},\ \boldsymbol{a}) & (\boldsymbol{b},\ \boldsymbol{b})\end{pmatrix}\begin{pmatrix}x\\ y\end{pmatrix}\\
&=(x\ \ y)\begin{pmatrix}a_1^2+a_2^2+a_3^2 & a_1b_1+a_2b_2+a_3b_3\\ a_1b_1+a_2b_2+a_3b_3 & a_1^2+a_2^2+a_3^2\end{pmatrix}\begin{pmatrix}x\\ y\end{pmatrix} \qquad (6.10)
\end{aligned}
$$

となります．

(6.10)の2次形式は正値となりますから，定理6.2より，

$$
\begin{vmatrix}a_1^2+a_2^2+a_3^2 & a_1b_1+a_2b_2+a_3b_3\\ a_1b_1+a_2b_2+a_3b_3 & a_1^2+a_2^2+a_3^2\end{vmatrix}>0.
$$

よって，

$$
(a_1^2+a_2^2+a_3^2)(b_1^2+b_2^2+b_3^2)>(a_1b_1+a_2b_2+a_3b_3)^2
$$

が得られます．

ベクトル $\boldsymbol{a}$ と $\boldsymbol{b}$ が1次従属のときは，$\boldsymbol{b}=t\boldsymbol{a}$ $(t\neq0)$ と書くことができますから，$b_i=ta_i$ $(i=1,2,3)$ が得られます．この場合は，明らかに式(6.9)で等号が成り立ちます．

逆に，(6.9)で等号が成り立つとしよう．このときは，$|\boldsymbol{a}|^2|\boldsymbol{b}|^2=(\boldsymbol{a},\ \boldsymbol{b})^2$ ですから，内積の定義 $((\boldsymbol{a},\ \boldsymbol{b})=|\boldsymbol{a}||\boldsymbol{b}|\cos\theta)$ より，$\boldsymbol{a}$ と $\boldsymbol{b}$ は1次従属になります．よって，等号は $\boldsymbol{a}$ と $\boldsymbol{b}$ が1次従属のとき，すなわち $a_1:b_1=a_2:b_2=a_3:b_3$ のときに限ることがわかります．

次に，$\boldsymbol{u}_1,\ \boldsymbol{u}_2,\ \cdots,\ \boldsymbol{u}_m$ を n 次元ベクトルとし，$x_1,\ x_2,\ \cdots,\ x_m$ を任意の実数とします．このとき，

$$
\begin{aligned}
0 &< |x_1\boldsymbol{u}_1 + x_2\boldsymbol{u}_2 + \cdots + x_m\boldsymbol{u}_m|^2 \\
&= (x_1\ x_2 \cdots x_m)\begin{pmatrix} (\boldsymbol{u}_1,\boldsymbol{u}_1)(\boldsymbol{u}_1,\boldsymbol{u}_2)\cdots(\boldsymbol{u}_1,\boldsymbol{u}_m) \\ (\boldsymbol{u}_2,\boldsymbol{u}_1)(\boldsymbol{u}_2,\boldsymbol{u}_2)\cdots(\boldsymbol{u}_2,\boldsymbol{u}_m) \\ \cdots\cdots\cdots\cdots\cdots\cdots \\ (\boldsymbol{u}_m,\boldsymbol{u}_1)(\boldsymbol{u}_m,\boldsymbol{u}_2)\cdots(\boldsymbol{u}_m,\boldsymbol{u}_m) \end{pmatrix}\begin{pmatrix} x_1 \\ x_2 \\ \vdots \\ x_m \end{pmatrix}
\end{aligned}
$$

が成り立ちますから，上記と同様にして，次の定理が得られます．

定理 6.3　m 個の n 次元ベクトル $\boldsymbol{u}_1, \boldsymbol{u}_2, \cdots, \boldsymbol{u}_m$ に対して

$$
\begin{vmatrix} (\boldsymbol{u}_1,\boldsymbol{u}_1)(\boldsymbol{u}_1,\boldsymbol{u}_2)\cdots(\boldsymbol{u}_1,\boldsymbol{u}_m) \\ (\boldsymbol{u}_2,\boldsymbol{u}_1)(\boldsymbol{u}_2,\boldsymbol{u}_2)\cdots(\boldsymbol{u}_2,\boldsymbol{u}_m) \\ \cdots\cdots\cdots\cdots\cdots\cdots \\ (\boldsymbol{u}_m,\boldsymbol{u}_1)(\boldsymbol{u}_m,\boldsymbol{u}_2)\cdots(\boldsymbol{u}_m,\boldsymbol{u}_m) \end{vmatrix} \geqq 0 \tag{6.11}
$$

が成り立つ．等号は $\boldsymbol{u}_1, \boldsymbol{u}_2, \cdots, \boldsymbol{u}_m$ が1次従属のときに限る．

定理 6.3 の行列式は**グラム**(Gram)**の行列式**と呼ばれています．

さて，$\boldsymbol{u}_1 = (a_1\ \ a_2\ \ \cdots\ \ a_n)$，$\boldsymbol{u}_2 = (b_1\ \ b_2\ \ \cdots\ \ b_n)$ とおき，定理 6.3 で $\boldsymbol{u}_1$，$\boldsymbol{u}_2$ のみを考えると

$$
\begin{vmatrix} (\boldsymbol{u}_1,\ \boldsymbol{u}_1) & (\boldsymbol{u}_1,\ \boldsymbol{u}_2) \\ (\boldsymbol{u}_2,\ \boldsymbol{u}_1) & (\boldsymbol{u}_2,\ \boldsymbol{u}_2) \end{vmatrix} \geqq 0
$$

となります．ところで

$$
\begin{aligned}
&(\boldsymbol{u}_1,\ \boldsymbol{u}_1) = a_1^2 + a_2^2 + \cdots + a_n^2, \\
&(\boldsymbol{u}_1,\ \boldsymbol{u}_2) = (\boldsymbol{u}_2,\ \boldsymbol{u}_1) = a_1b_1 + a_2b_2 + \cdots + a_nb_n, \\
&(\boldsymbol{u}_2,\ \boldsymbol{u}_2) = b_1^2 + b_2^2 + \cdots + b_n^2
\end{aligned}
$$

ですから，コーシーの不等式が得られます．

このことから，定理 6.3 はコーシーの不等式 (6.5) の一般化になっていることがわかります．

問 6.4　a_1, a_2, $\cdots$, a_n は正の数とする．このとき不等式

$$\left(\sum_{i=1}^{n} a_i\right)\left(\sum_{i=1}^{n} \frac{1}{a_i}\right) \geqq n^2$$

が成り立つことを証明せよ．

第 3 章

微分方程式への応用

§7 ノルム空間，行列の指数関数・三角関数

x を実数とするとき，

$$e^x = 1 + x + \frac{1}{2!}x^2 + \cdots + \frac{1}{n!}x^n + \cdots \quad (e \text{ は自然対数の底})$$

であることは，よく知られていることです．

ここで，x の代わりに正方行列 A にしたとき

$$e^A = E + A + \frac{1}{2!}A^2 + \cdots + \frac{1}{n!}A^n + \cdots$$

としてもよいのだろうか．ここに，E は単位行列です．

本節では，行列の指数関数・三角関数の定義を目指して話を進めます．

最初に，$(m,\ n)$ 型行列全体の集合が作る線形空間に，距離の概念を導入するために，解析学で重要なノルム空間の話から始めます．

7.1 ノルム空間

V を体 K (K は実数体 $\boldsymbol{R}$ あるいは複素数体 $\boldsymbol{C}$) 上の線形空間 (ベクトル空間) とします．このとき，線形空間 V の各元 $\boldsymbol{u}$ に実数 $\|\boldsymbol{u}\|$ が対応し，次の 3 つの条件を満足するとき，$\|\boldsymbol{u}\|$ を $\boldsymbol{u}$ の**ノルム** (norm) といい，V を**ノルム空間** (normed space) と言います．

(i) $\|\boldsymbol{u}\| \geqq 0,\ \|\boldsymbol{u}\| = 0 \Leftrightarrow \boldsymbol{u} = \boldsymbol{0}$

任意の $\alpha \in K,\ \boldsymbol{u},\ \boldsymbol{v} \in V$ に対して

(ii) $\|\alpha\boldsymbol{u}\| = |\alpha|\|\boldsymbol{u}\|$

(iii) $\|\boldsymbol{u} + \boldsymbol{v}\| \leqq \|\boldsymbol{u}\| + \|\boldsymbol{v}\|$.

K が複素数 (実数) 体のとき，V を**複素 (実) ノルム空間**と言います．今後，

実ノルム空間を単にノルム空間と呼ぶことにします．

ここで，例をあげましょう．

$M_{mn}(\boldsymbol{C})(M_{mn}(\boldsymbol{R}))$ で成分が複素数(実数)である (m, n) 型行列全体の集合を表します．特に $m=n$ のときは $M_n(\boldsymbol{C})$ $(M_n(\boldsymbol{R}))$ で表すことにします．

例えば，$M_2(\boldsymbol{C})$ は成分が複素数である2次の正方行列全体の集合です．$M_2(\boldsymbol{C})$ は通常の行列の加法，スカラー倍に関して体 $\boldsymbol{C}$ 上の線形空間になります．

いま，$A=\begin{pmatrix} a_{11} & a_{12} \\ a_{21} & a_{22} \end{pmatrix} \in M_2(\boldsymbol{C})$ に実数

$$\|A\|=\sqrt{|a_{11}|^2+|a_{12}|^2+|a_{21}|^2+|a_{22}|^2}$$

を対応させます．

例えば，$A=\begin{pmatrix} 1+i & 1 \\ 1 & 2-i \end{pmatrix}$ のときは，任意の複素数 α に対して $|\alpha|^2=\alpha\overline{\alpha}$ ですから($\overline{\alpha}$ は α の共役複素数)，

$$\begin{aligned}\|A\|&=\sqrt{(1+i)(1-i)+1^2+1^2+(2-i)(2+i)}\\&=3\end{aligned}$$

となります．

$\|A\|$ はノルムであるための3つの条件を満たします．条件(i)，(ii)は明らかなので，(iii)のみを示しましょう．

ここではミンコフスキ(Minkowski)の不等式

$$\left(\sum_{i=1}^{n}|x_i+y_i|^p\right)^{\frac{1}{p}} \leqq \left(\sum_{i=1}^{n}|x_i|^p\right)^{\frac{1}{p}}+\left(\sum_{i=1}^{n}|y_i|^p\right)^{\frac{1}{p}} \quad (p \geqq 1)$$

を利用することにします．

$A=(a_{ij})$，$B=(b_{ij}) \in M_2(\boldsymbol{C})$ とするとき，ミンコフスキの不等式から

$$\begin{aligned}\|A+B\|&=\sqrt{|a_{11}+b_{11}|^2+|a_{12}+b_{12}|^2+|a_{21}+b_{21}|^2+|a_{22}+b_{22}|^2}\\&\leqq \sqrt{|a_{11}|^2+|a_{12}|^2+|a_{21}|^2+|a_{22}|^2}+\sqrt{|b_{11}|^2+|b_{12}|^2+|b_{21}|^2+|b_{22}|^2}\\&=\|A\|+\|B\|\end{aligned}$$

となり，ノルムの条件(iii)が成り立つことがわかります．

したがって，このノルムで $M_2(\boldsymbol{C})$ は複素ノルム空間($M_2(\boldsymbol{R})$ の場合は実

ノルム空間)になります．

上記で定義したノルム以外にも，ノルムは定義できます．たとえば，$A=(a_{ij})\in M_2(\boldsymbol{C})$ に対して

$$\|A\|=\sum_{i=1}^{2}\sum_{j=1}^{2}|a_{ij}| \quad や \quad \|A\|=\max_{i,j}|a_{ij}|$$

と定義してもノルムになることが容易に確かめることができます．

上記のことは，もちろん一般の $M_{mn}(\boldsymbol{C})$ についても成り立ちます．

今後，$M_{mn}(\boldsymbol{C})$ ($M_{mn}(\boldsymbol{R})$) の元 $A=(a_{ij})$ のノルムは

$$\|A\|=\sqrt{\sum_{i=1}^{m}\sum_{j=1}^{n}|a_{ij}|^2} \tag{7.1}$$

とします．

ノルム空間 V の 2 つの元 $\boldsymbol{u}, \boldsymbol{v}$ に対して

$$d(\boldsymbol{u}, \boldsymbol{v})=\|\boldsymbol{u}-\boldsymbol{v}\|$$

とおくと，$d(\boldsymbol{u}, \boldsymbol{v})$ は(通常の)距離の 3 つの条件

(iv)　$d(\boldsymbol{u}, \boldsymbol{v})\geqq 0$,　$d(\boldsymbol{u}, \boldsymbol{v})=0 \Leftrightarrow \boldsymbol{u}=\boldsymbol{v}$

(v)　$d(\boldsymbol{u}, \boldsymbol{v})=d(\boldsymbol{v}, \boldsymbol{u})$

V の任意の元 $\boldsymbol{w}$ に対して

(vi)　$d(\boldsymbol{u}, \boldsymbol{v})\leqq d(\boldsymbol{u}, \boldsymbol{w})+d(\boldsymbol{w}, \boldsymbol{v})$

を満たすことがわかります．これで，ノルム空間に極限などの概念が導入できます．

問 7.1　$A, B\in M_2(\boldsymbol{R})$ のとき，$\|AB\|\leqq\|A\|\|B\|$ を示せ．

7.2　ノルム空間での極限

V をノルム空間とします．また，ノルム空間の元を，記述を簡潔にするために，点と呼ぶことにします．

$\boldsymbol{u}_n\ (n=1,2,\cdots)\in V$，$\boldsymbol{u}\in V$ に対して

$$\lim_{n\to\infty}\|\boldsymbol{u}_n-\boldsymbol{u}\|=0$$

を満足しているとき，点列 $\{\boldsymbol{u}_n\}$ は $\boldsymbol{u}$ に**収束する**といい，また $\boldsymbol{u}$ をこの**点列の極限**と言います．そして

$$\lim_{n\to\infty}\boldsymbol{u}_n=\boldsymbol{u} \quad \text{または} \quad \boldsymbol{u}_n\to\boldsymbol{u}\ (n\to\infty)$$

と書くことにします．

次に，$\boldsymbol{u}_n\in V\ (n=1,2,\cdots)$ とするとき，

$\boldsymbol{s}_n=\sum_{k=1}^{n}\boldsymbol{u}_k$ からなる点列 $\{\boldsymbol{s}_n\}$ が，点 $\boldsymbol{s}\in V$ に収束するとき，級数 $\sum_{n=1}^{\infty}\boldsymbol{u}_n$ は $\boldsymbol{s}$ に**収束する**といい，$\sum_{n=1}^{\infty}\boldsymbol{u}_n=\boldsymbol{s}$ と書きます．

ここで，ノルム空間での極限に関する性質を定理の形でまとめておきましょう．

定理 7.1　ノルム空間 V において次が成り立つ．

(1) $\lim_{n\to\infty}\boldsymbol{u}_n=\boldsymbol{u}$ ならば $\lim_{n\to\infty}\|\boldsymbol{u}_n\|=\|\boldsymbol{u}\|$.

(2) $\lim_{n\to\infty}\boldsymbol{u}_n=\boldsymbol{u}$, $\lim_{n\to\infty}\boldsymbol{v}_n=\boldsymbol{v}$ ならば $\lim_{n\to\infty}(\boldsymbol{u}_n+\boldsymbol{v}_n)=\boldsymbol{u}+\boldsymbol{v}$.

(3) $\lim_{n\to\infty}\alpha_n=\alpha(\alpha_n,\ \alpha\in\boldsymbol{C})$，$\lim_{n\to\infty}\boldsymbol{u}_n=\boldsymbol{u}$ ならば $\lim_{n\to\infty}\alpha_n\boldsymbol{u}_n=\alpha\boldsymbol{u}$,

(4) $\sum_{n=1}^{\infty}\boldsymbol{u}_n=\boldsymbol{s}$, $\sum_{n=1}^{\infty}\boldsymbol{v}_n=\boldsymbol{t}$ ならば

$$\sum_{n=1}^{\infty}(\boldsymbol{u}_n+\boldsymbol{v}_n)=\boldsymbol{s}+\boldsymbol{t},\ \sum_{n=1}^{\infty}\alpha\boldsymbol{u}_n=\alpha\boldsymbol{s}\ (\alpha\in\boldsymbol{C}).$$

問 7.2　定理 7.1 を証明せよ．

7.3　行列の列の極限

話を簡単にするために，これからはノルム空間 $M_2(\boldsymbol{R})$ での話とします（一般の $M_{mn}(\boldsymbol{C})$ でも本質的には変わりません）.

ここで，$M_2(\boldsymbol{R})$（すなわち成分がすべて実数である2次の正方行列の集合）に属する行列の列を

$$A_n = \begin{pmatrix} a_n & b_n \\ c_n & d_n \end{pmatrix} \ (n = 1, 2, \cdots)$$

とします．いま，ノルムの意味で

$$\lim_{n\to\infty} A_n = A \quad \left(A = \begin{pmatrix} a & b \\ c & d \end{pmatrix}\right)$$

としましょう.

このとき，

$$\|A_n - A\| = \sqrt{|a_n - a|^2 + |b_n - b|^2 + |c_n - c|^2 + |d_n - d|^2}$$

ですから，$\lim_{n\to\infty} A_n = A$（すなわち $\lim_{n\to\infty}\|A_n - A\| = 0$）ならば，上の式から

$$\lim_{n\to\infty} a_n = a,\ \lim_{n\to\infty} b_n = b,\ \lim_{n\to\infty} c_n = c,\ \lim_{n\to\infty} d_n = d$$

が得られます．逆に，$A_n = \begin{pmatrix} a_n & b_n \\ c_n & d_n \end{pmatrix}$ の各成分 a_n, b_n, c_n, d_n がそれぞれ a, b, c, d に収束するならば，

$$\lim_{n\to\infty} A_n = A$$

となることがわかります.

これらのことは $M_{mn}(\boldsymbol{C})$ でも全く同様に議論できます．よって，次の定理が得られます.

定理7.2　$A_k \in M_{mn}(\boldsymbol{C})$ $(k = 1, 2, \cdots)$ とする．このとき，行列の列 $\{A_k\}$ の極限をとることと，各成分の極限をとることは一致する.

例えば，$A_n = \begin{pmatrix} a_n & b_n \\ c_n & d_n \end{pmatrix}$ $(n = 1, 2, \cdots)$ のとき，上記の定理は

$$\lim_{n\to\infty} A_n = \begin{pmatrix} \lim_{n\to\infty} a_n & \lim_{n\to\infty} b_n \\ \lim_{n\to\infty} c_n & \lim_{n\to\infty} d_n \end{pmatrix}$$

としてよいことを意味しています．

問 7.3　$A_n = \begin{pmatrix} 1-\frac{1}{2^n} & \dfrac{1}{3^n} \\ \dfrac{1}{3^n} & 1+\frac{1}{2^n} \end{pmatrix}$ のとき，$\lim_{n\to\infty} A_n$ を求めよ．

次に行列の級数の話に移りましょう．

定理 7.2 と前節のノルム空間における級数の定義から，次の定理がただちに得られます．

定理 7.3　$A_k \in M_{mn}(\boldsymbol{C})$ $(k=1,2,\cdots)$ とする．このとき，$\sum_{k=1}^{\infty} A_k$ を作ることと，成分ごとの和をとることは一致する．

例えば，$A_n = \begin{pmatrix} a_n & b_n \\ c_n & d_n \end{pmatrix}$ $(n=1,2,\cdots)$ のとき，定理 7.3 は

$$\sum_{n=1}^{\infty} A_n = \begin{pmatrix} \sum_{n=1}^{\infty} a_n & \sum_{n=1}^{\infty} b_n \\ \sum_{n=1}^{\infty} c_n & \sum_{n=1}^{\infty} d_n \end{pmatrix}$$

を意味しています．

問 7.4　$A_n = \begin{pmatrix} \dfrac{1}{n!} & \dfrac{1}{2^{n-1}} \\ \dfrac{1}{3^{n-1}} & \dfrac{1}{n!} \end{pmatrix}$ のとき，$\sum_{n=1}^{\infty} A_n$ を求めよ．

次に，行列のベキ級数 $\sum_{n=0}^{\infty} c_n A^n$ $(c_n \in \boldsymbol{R})$ の収束に関する話に移ります．

ところで，微積分での数べキ級数は通常 $c_0+c_1x+c_2x^2\cdots$ の形で書かれていますので，行列の場合もそれに合わせ $c_0E+c_1A+c_2A^2+\cdots$ とします．なお，$A^0=E$ (単位行列) と約束します．

これから，微積分でよく用いる収束半径という言葉を使うので，その説明をしておきましょう．

べキ級数

$$c_0+c_1x+c_2x^2\cdots \tag{7.2}$$

に対して，$|x|<\rho$ ならば，(7.2) は収束し，$|x|>\rho$ ならば (7.2) が発散するような定数 ρ ($\geqq 0$) が定まります．ただし，$\rho=0$ のときも ∞ のときもあります．この ρ を (7.2) の**収束半径**と言います．

定 理 7.4　$A\in M_2(\boldsymbol{R})$ とする．このとき，行列 A のべキ級数 $\displaystyle\sum_{n=0}^{\infty}c_nA^n$ $(c_n\in\boldsymbol{R})$ が収束するための必要十分条件は，A のすべての固有値の絶対値 $|\lambda_1|, |\lambda_2|$ が同一係数の数べキ級数 $\displaystyle\sum_{n=0}^{\infty}c_nx^n$ $(x\in\boldsymbol{R})$ の収束半径より小さいことである．

例えば，$A\in M_2(\boldsymbol{R})$ のとき，$\displaystyle\sum_{n=0}^{\infty}\frac{1}{n!}A^n$ は，数級数 $\displaystyle\sum_{n=0}^{\infty}\frac{1}{n!}x^n$ $(x\in\boldsymbol{R})$ の収束半径が無限大ですから，常に収束することが定理 7.4 からわかります．

定理 7.4 の証明

行列 A の固有値を λ_1, λ_2 とする．このとき，

$$\lambda_i^n=p\lambda_i+q\quad(i=1,2)$$

と表すことができる．

ケーリー・ハミルトンの定理から，同じ p, q に対して

$$A^n=pA+qE$$

が成り立つ．このことから，

$$A^n=\frac{\lambda_1^n-\lambda_2^n}{\lambda_1-\lambda_2}A-\frac{\lambda_1^n\lambda_2-\lambda_2^n\lambda_1}{\lambda_1-\lambda_2}E\quad(\lambda_1\neq\lambda_2)$$

$$A^n=n\lambda_1^{n-1}A-(n-1)\lambda_1^nE\quad(\lambda_1=\lambda_2)$$

得られる．なお，第2の式は，第1の式で $\lambda_2\to\lambda_1$ とした極限値として得られる．

よって，

$$\begin{aligned}s_N&=\sum_{n=0}^{N}c_nA^n\\&=\frac{1}{\lambda_1-\lambda_2}\left\{\left(\sum_{n=0}^{N}c_n\lambda_1^n-\sum_{n=0}^{N}c_n\lambda_2^n\right)A\right.\\&\qquad\left.-\left(\lambda_2\sum_{n=0}^{N}c_n\lambda_1^n-\lambda_1\sum_{n=0}^{N}c_n\lambda_2^n\right)E\right\}\quad(\lambda_1\neq\lambda_2)\end{aligned}\tag{7.3}$$

$$\begin{aligned}s_N&=\sum_{n=0}^{N}c_nA^n\\&=\left(\sum_{n=0}^{N}nc_n\lambda_1^{n-1}\right)A-\left(\sum_{n=0}^{N}(n-1)c_n\lambda_1^n\right)E\quad(\lambda_1=\lambda_2)\end{aligned}\tag{7.4}$$

を得る．

（i）$\lambda_1\neq\lambda_2$ の場合

成分ごとの和を考えればよいから，(7.3)からベキ級数 $\sum_{n=0}^{\infty}c_n\lambda_1^n$，$\sum_{n=0}^{\infty}c_n\lambda_2^n$ が収束することが，与えられた行列のベキ級数が収束するための必要十分条件となる．

（ii）$\lambda_1=\lambda_2$ の場合

一般に級数 $\sum_{n=0}^{\infty}c_nx^n$ が収束すれば，$\sum_{n=0}^{\infty}nc_nx^{n-1}$，$\sum_{n=0}^{\infty}(n-1)c_nx^n$ も収束するから，$\sum_{n=0}^{\infty}c_nx^n$ の収束半径を ρ とすると，(7.4)から $|\lambda_1|<\rho$ のときが与えられた行列のベキ級数が収束するための必要十分条件となることがわかる．

これで定理の証明は完了した．

上記の事実は一般の n 次正方行列に対しても成り立ちます．

続いて，行列の級数 $\sum_{n=0}^{\infty} A_n$ の項の順序の変更に関する話に移ります．

そこで，数級数 $\sum_{n=0}^{\infty} a_n$ についての話をしておきましょう．$\sum_{n=0}^{\infty} |a_n|$ が収束するとき，$\sum_{n=0}^{\infty} a_n$ は**絶対収束する**と言います．絶対収束級数は項の順序を変更しても絶対収束し，その和は変わりません．

同様なことが行列の級数についても言います．

$A \in M_n(R)$ とします．級数 $\sum_{n=0}^{\infty} \|A_n\|$ が収束するとき，$\sum_{n=0}^{\infty} A_n$ は**絶対収束する**と言います．このとき，和の順序を任意に変更して得られる級数も，同一の和に収束します．

また，$\sum_{n=0}^{\infty} A_n$, $\sum_{n=0}^{\infty} B_n$ が絶対収束するならば，$\sum_{n=0}^{\infty} A_n$ の任意の一項 A_i と $\sum_{n=0}^{\infty} B_n$ の任意の一項 B_j との積を任意の順序に加えて作った級数 $\sum A_i B_j$ も絶対収束し，その和は，最初の2つの級数の和 A, B の積 AB に等しくなります．これらの証明は，数級数の場合と全く同様です．

これらのことは，次で利用することになります．

7.4　行列の指数関数，三角関数

$A \in M_n(\boldsymbol{R})$ のとき，通常，e^A は行列の指数関数と呼ばれていますので，そのように呼ぶことにします．同様に，$\sin A$, $\cos A$ なども行列の三角関数と呼ぶことにします．なぜ、関数と呼ぶのかは次回にまわします．

ここで，行列の指数関数，三角関数の定義を与えましょう．

$A \in M_n(\boldsymbol{R})$ とします ($A \in M_n(\boldsymbol{C})$ でもよいのですが，話を簡単にするために $A \in M_n(\boldsymbol{R})$ とします)．このとき，行列の指数関数を

$$e^A = \sum_{n=0}^{\infty} \frac{1}{n!} A^n \tag{7.5}$$

で定義し，行列の三角関数 $\sin A$, $\cos A$ をそれぞれ

$$\sin A = \sum_{n=0}^{\infty} \frac{(-1)^n}{(2n+1)!} A^{2n+1}, \tag{7.6}$$

$$\cos A = \sum_{n=0}^{\infty} \frac{(-1)^n}{(2n)!} A^{2n} \tag{7.7}$$

で定義します．これらが収束することは，定理 7.4 と次の 3 つの数べキ級数

$$\sum_{n=0}^{\infty} \frac{1}{n!} x^n, \quad \sum_{n=0}^{\infty} \frac{(-1)^n}{(2n+1)!} x^{2n+1}, \quad \sum_{n=0}^{\infty} \frac{(-1)^n}{(2n)!} x^{2n}$$

の収束半径がいずれも ∞ である (すなわち，すべての実数 x に対して収束する) ことからわかります．また，これらの数べキ級数は絶対収束しますから，(7.5), (7.6), (7.7) の右辺の級数が絶対収束することも，$\|A^n\| \leqq \|A\|^n$ が成り立つことから，わかります．

行列の指数関数 e^A については次のことが言えます．

定理 7.5　$A, B \in M_n(\boldsymbol{R})$ のとき，次が成り立つ．

(1) $AB = BA$ ならば，$e^{A+B} = e^A e^B$

(2) $(e^A)^{-1} = e^{-A}$

証明　(1) e^A, e^B, e^{A+B} は絶対収束し，A, B は可換であるから，実数の場合と全く同様な計算が可能である．

$$e^A = \sum_{n=0}^{\infty} \frac{1}{n!} A^n, \quad e^B = \sum_{n=0}^{\infty} \frac{1}{n!} B^n$$

であるから，

$$e^Ae^B = E + \left(\frac{A}{1!} + \frac{B}{1!}\right) + \left(\frac{A^2}{2!} + \frac{A}{1!}\frac{B}{1!} + \frac{B^2}{2!}\right) + \cdots$$

となり，e^Ae^B の第$(n+1)$項は

$$\frac{1}{n!}\left(A^n + \binom{n}{1}A^{n-1}B + \binom{n}{2}A^{n-2}B^2 + \cdots + B^n\right)$$

となる．これは $\dfrac{(A+B)^n}{n!}$ とまとめることができる．

したがって，

$$e^Ae^B = E + \frac{(A+B)}{1!} + \frac{(A+B)^2}{2!} + \cdots + \frac{(A+B)^n}{n!} + \cdots = e^{A+B}.$$

(2)　$A(-A) = (-A)A$ だから，(1)より

$$e^Ae^{-A} = e^{A+(-A)} = e^0 = E$$

よって，

$$(e^A)^{-1} = e^{-A}.$$

次に，行列の指数関数と三角関数との関係について述べましょう．
行列の指数関数と三角関数との間にも，よく知られているオイラーの公式

$$e^{i\theta} = \cos\theta + i\sin\theta \tag{7.8}$$

に対応する関係式があります．

$\theta \in \boldsymbol{R}$ とし，$K = \begin{pmatrix} 0 & 1 \\ -1 & 0 \end{pmatrix}$ とします．このとき，

$$e^{\theta K} = \cos\theta E + \sin\theta K \tag{7.9}$$

が成り立ちます．E はもちろん2次の単位行列です．ところで，$K^2 = -E$ ですから，(7.9)はオイラーの公式(7.8)に対応していることがわかります．なお，(7.9)の証明は，$e^{\theta K}$ を定義にしたがって計算するだけのことなので，読者に委ねます．

§8 行列値関数の微分と積分

$\sin t$, $\cos t$ を変数 t の関数とみなしたとき，これらの関数は t に関して常に微分も積分も可能です．このとき，

$$A(t)=\begin{pmatrix}\cos t & -\sin t\\ \sin t & \cos t\end{pmatrix}$$

の微分，積分はどのように考えればよいのでしょうか．

本節は，行列値関数の微分と積分の話です．

8.1 行列値関数の微分

行列値関数の定義の話から始めましょう．そのために，簡単な写像の話から始めます．

例えば，実数 $\boldsymbol{R}$ から $\boldsymbol{R}$ への写像

$$f: x\,(\in \boldsymbol{R}) \to x^2\,(\in \boldsymbol{R})$$

は，普通

$$f(x)=x^2$$

と書きます．そして，この写像は 2 次関数と呼ばれていることは，言うまでもないことでしょう．

そこで，行列値関数の定義も，このスタイルで与えることにします．

前回にしたがって，$M_{mn}(\boldsymbol{C})$ $(M_{mn}(\boldsymbol{R}))$ は成分が複素数 (実数) である $(m,\ n)$ 型の行列全体の集合とします．

特に $m=n$ のときは $M_n(\boldsymbol{C})$ $(M_n(\boldsymbol{R}))$ で表すことにします．

$M_{mn}(\boldsymbol{C})$ $(M_{mn}(\boldsymbol{R}))$ は通常の行列の加法，スカラー倍に関して体 $\boldsymbol{C}(\boldsymbol{R})$

上の線形空間になります．

それでは，行列値関数の定義の話に移りましょう．

I は実数の区間であり，区間 I の点を t で表すことにします．このとき，写像

$$A : I \to M_{mn}(\boldsymbol{C})$$

を

$$A(t) = (a_{ij}(t)) \quad (t \in I)$$

と表します．$a_{ij}(t)$ $(1 \leqq i \leqq m,\ 1 \leqq j \leqq n)$ は区間 I 上の複素数値関数です．

この写像 $A(t)$ のことを区間 I 上で定義された $(m,\ n)$ **型行列値関数**といい，$a_{ij}(t)$ を $A(t)$ の**成分関数**と言います．$m = n$ のときは，$\boldsymbol{n}$ **次行列値関数**と言います．

特に，$(n,\ 1)$ 型あるいは $(1,\ n)$ 型行列値関数は $\boldsymbol{n}$ **次元ベクトル値関数**と呼ばれています．

例えば，区間 $I = (\infty,\ \infty)$ 上で定義された行列値関数

$$A(t) = \begin{pmatrix} 1 & t & t^2 \\ 0 & 1 & 2t \end{pmatrix},\quad A(t) = \begin{pmatrix} \cos t & -\sin t \\ \sin t & \cos t \end{pmatrix},$$

$$\boldsymbol{x}(t) = \begin{pmatrix} \cos t \\ \sin t \end{pmatrix}$$

は，それぞれ $(2,\ 3)$ 型行列値関数，2 次行列値関数，2 次元ベクトル値関数です．

$A(t)$ の成分関数がすべて定数(定数関数)のときは，通常の行列です．

このことから，どんな行列でも行列値関数と呼んでもよいことになります．

ところで，行列値関数の成分関数がすべて定数の場合と，そうでない場合とを区別する必要が生じることがあります．そこで，成分関数がすべて定数である行列値関数を，必要に応じて**定行列**と呼ぶことにします．

今後，話を簡単にするために，行列値関数の成分関数はすべて実数値関数とします(複素数値関数の場合も同様です)．

いま，区間 I から $M_{mn}(\boldsymbol{R})$ への写像全体の集合 (すなわち，区間 I 上で定義された，成分関数がすべて実数値関数の，$(m,\ n)$ 型の行列値関数全体の集合)を $\Gamma(I\,;M_{mn}(\boldsymbol{R}))$ で表すことにします．

このとき，$A, B \in \Gamma\ (I\,;M_{mn}(\boldsymbol{R}))$，$\lambda \in \boldsymbol{R}$ に対して

$$(A+B)(t) = A(t) + B(t)\quad (t \in I) \tag{8.1}$$

$$(\lambda A)(t) = \lambda A(t)\quad (t \in I) \tag{8.2}$$

と定義すると，$\Gamma(I\,;M_{mn}(\boldsymbol{R}))$ はこれらの演算によって，体 $\boldsymbol{R}$ 上の線形空間になります．

$A(t) = (a_{ij}(t))\ (\in \Gamma\ (I\,;M_{mn}(\boldsymbol{R})))$ に対して，$A(t)$ のノルムを，前節で述べたように

$$\|A(t)\| = \sqrt{\sum_{i=1}^{m}\sum_{j=1}^{n}|a_{ij}(t)|^2}$$

で定義します．

例えば，

$$A(t) = \begin{pmatrix} \cos t & -\sin t \\ \sin t & \cos t \end{pmatrix}$$

のときは，

$$\begin{aligned}\|A(t)\| &= \sqrt{\cos^2 t + (-\sin t)^2 + \sin^2 t + \cos^2 t} \\ &= \sqrt{2}\end{aligned}$$

となります．

このノルムで，線形空間 $\Gamma(I\,;M_{mn}(\boldsymbol{R}))$ はノルム空間になります（ノルム空間についての詳しい話は前節（第7節）を参照して下さい）．したがって，線形空間 $\Gamma(I\,;M_{mn}(\boldsymbol{R}))$ で極限の話ができます．

以下，ノルム空間 $\Gamma(I\,;M_n(\boldsymbol{R}))$ での話とします．記述を簡略化するために，$\Gamma(I\,;M_n(\boldsymbol{R}))$ を $\Gamma_n(\boldsymbol{R})$ で表します．

$A(t) \in \Gamma_n(\boldsymbol{R})$ とします．　このとき，行列値関数 $A(t+h)$ と定行列 L との差のノルム $\|A(t)-L\|$ が $h \to 0$ のとき，いくらでも小さくなるとき（すなわち，任意の $\varepsilon > 0$ に対して，適当に正の数 δ をとると，$|h| < \delta$ ならば $\|A(t)-L\| < \varepsilon$ であるとき），$A(t+h)$ は，$h \to 0$ のとき，定行列 L に**収束する**と言います．

行列 L をこのときの**極限**といい，

$$\lim_{h \to 0} A(t+h) = L$$

と表します．もちろん，このことは

$$\lim_{h \to 0} \| A(t+h) - L \| = 0$$

を意味しています．

特に，

$$\lim_{h \to 0} A(t+h) = A(t)$$

が成り立つとき，$A(t)$ は点 t で**連続**であると言い，区間 I の任意の点 t で連続であるとき，**区間 I で連続**であると言います．

例えば，行列値関数

$$A(t) = \begin{pmatrix} \cos t & -\sin t \\ \sin t & \cos t \end{pmatrix}$$

は区間 $I = (-\infty, \infty)$ で連続になります．

変数 t から $t+h$ まで変化するときの $A(t)$ の平均変化率

$$\frac{A(t+h) - A(t)}{h}$$

の極限

$$\lim_{h \to 0} \frac{A(t+h) - A(t)}{h}$$

が存在するとき，これを点 t におけるを行列値関数 $A(t)$ の**微分係数**といい，$A'(t)$ または $\dfrac{d}{dt}A(t)$ で表します．

微分係数 $A'(t)$ が存在するとき，行列値関数 $A(t)$ は点 t で**微分可能**と言い，区間 I の任意の点 t で微分可能のとき，**区間 I で微分可能**であると言います．

$A'(t)$ を t の関数と考えるとき，これを $A(t)$ の**導関数**と呼びます．

1 変数の微分の話と同様にして，$A'(t)$ が微分可能なとき，$\dfrac{d}{dt}A'(t)$ を $A''(t)$’ $A^{(2)}(t)$ あるいは $\dfrac{d^2}{dt^2}A(t)$ で表し，**第 2 次導関数**と言います．**第 n 次導関数**も同様に定義して，$A^{(n)}(t)$ $(n \geqq 2)$ あるいは $\dfrac{d^n}{dt^n}A(t)$ で表します．

いま，$A(t)=(a_{ij}(t))$ を $(m,\ n)$ 型行列値関数，$L=(l_{ij})$ を $(m,\ n)$ 型定行列とします．

このとき，ノルムの定義から

$$\|A(t)-L\|=\sqrt{\sum_{i=1}^{m}\sum_{j=1}^{n}|a_{ij}(t)-l_{ij}|^2}$$

となりますから，行列値関数 $A(t)$ に対して次の定理が成り立ちます．

定理 8.1

(1) $A(t)$ の極限をとることと，$A(t)$ の各成分関数の極限をとることは一致する．

(2) $A(t)$ が区間 I で連続であることと，$A(t)$ の各成分関数が区間 I で連続であることは同値である．

(3) $A(t)$ が微分可能であることと，$A(t)$ の各成分関数が微分可能であることは同値である．

(4) $A(t)$ が微分可能ならば，$A(t)$ を微分することと，各成分関数を微分することは一致する．

定理 8.1 は成分関数が複素数値関数でも成り立ちます．

ここで例をあげておきましょう．

例 8.1　区間 $I=(-\infty,\ \infty)$ 上で定義された次の行列値関数が，微分可能かどうかを調べて，微分可能ならばその導関数を求めよ．

(1) $A(t)=\begin{pmatrix}\cos t & -\sin t\\ \sin t & \cos t\end{pmatrix}$

(2) $A(t)=\begin{pmatrix}1 & |t| & t^2\\ 0 & 1 & 2t\end{pmatrix}$

(3) $\boldsymbol{x}(t)=(t+\sin t\quad \cos t\quad 2t\sin t)$

解　成分関数が微分可能かどうかを調べればよい．

(1) 微分可能で $A'(t)=\begin{pmatrix}-\sin t & -\cos t\\ \cos t & -\sin t\end{pmatrix}$.

(2) $t>0$ のとき．微分可能で

$$A'(t)=\begin{pmatrix} 0 & 1 & 2t \\ 0 & 0 & 2 \end{pmatrix}.$$

$t=0$ のとき．成分関数 $|t|$ が微分可能でないので，$A(t)$ も微分可能でない．

$t<0$ のとき．微分可能で

$$A'(t)=\begin{pmatrix} 0 & -1 & 2t \\ 0 & 0 & 2 \end{pmatrix}.$$

(3) 微分可能で

$$\boldsymbol{x}'(t)=(1+\cos t \quad -\sin t \quad 2\sin t+2t\cos t).$$

次に，行列値関数の和の微分について述べましょう．$A,\ B\in\Gamma(I\,;M_{mn}(\boldsymbol{R}))$ で，微分可能とします．定義(8.1)より

$$(A+B)(t)=A(t)+B(t)$$

でしたから，定理8.1よりただちに

$$(A+B)'(t)=(A(t)+B(t))'=A'(t)+B'(t)$$

が得られます．

問8.1　次のベクトル値関数の1次導関数と2次導関数を求めよ．

(1) $\boldsymbol{x}(t)={}^t(\cos t \quad \sin t \quad t)$

(2) $\boldsymbol{x}(t)=(2e^t \quad e^{-t} \quad \sqrt{5}\,t)$

次に，行列値関数の積の定義とその微分およびスカラー関数と行列値関数の積の定義とその微分の話をします．

$A,\ B$ をそれぞれ区間 I 上で定義された $(m,\ n)$ 型，$(n,\ l)$ 型行列値関数とします．このとき，積 AB $(AB: I\to M_ml(\boldsymbol{R}))$ を

$$AB(t)=A(t)B(t) \tag{8.3}$$

で定義します．いま，$A(t)=(a_{ij}(t))$，$B(t)=(b_{ij}(t))$ とおくと，

$$AB(t)=\left(\sum_{k=1}^{n}a_{ik}(t)b_{kj}(t)\right) \quad (1\leqq i\leqq m,\ 1\leqq j\leqq l) \tag{8.4}$$

と同じになります．

例えば

$$A(t)=\begin{pmatrix}\cos t & -\sin t\\ \sin t & \cos t\end{pmatrix},\ B(t)=\begin{pmatrix}\cos t & \sin t\\ -\sin t & \cos t\end{pmatrix}$$

のときは，

$$\begin{aligned}(AB)(t)&=A(t)B(t)\\ &=\begin{pmatrix}\cos t & -\sin t\\ \sin t & \cos t\end{pmatrix}\begin{pmatrix}\cos t & \sin t\\ -\sin t & \cos t\end{pmatrix}\end{aligned}$$

となります．

区間 I の任意の t の値に対して，スカラー値（実数あるいは複素数）を対応させる写像 $\lambda(t)$ を，区間 I において定義された**スカラー値関数**と言います．

なお，以下においてはスカラー値は実数とします．

A, λ をそれぞれ区間 I 上で定義された $(m,\ n)$ 型行列値関数，スカラー値関数とします．このとき，積 $\lambda A(\lambda A : I \to M_{mn}(R))$ を，$A(t)=(a_{ij}(t)))$ とするとき，

$$(\lambda A)(t)=\lambda(t)A(t)=(\lambda(t)a_{ij}(t)) \tag{8.5}$$

で定義します．

例えば

$A(t)=\begin{pmatrix}\cos t & -\sin t\\ \sin t & \cos t\end{pmatrix}$, $\lambda(t)=t$ のときは，

$$(\lambda A)(t)=t\begin{pmatrix}\cos t & -\sin t\\ \sin t & \cos t\end{pmatrix}=\begin{pmatrix}t\cos t & -t\sin t\\ t\sin t & t\cos t\end{pmatrix}$$

となります．

では，微分の話に入りましょう．

A, B をそれぞれ区間 I 上で定義された微分可能な $(m,\ n)$ 型，$(n,\ l)$ 型行列値関数とし，$\lambda(t)$ も区間 I において定義された微分可能なスカラー値関数とします．

行列値関数を微分することは，その成分関数を微分することと一致しますので，(8.4)，(8.5) から，それぞれ

$$(AB)'(t) = (A(t)B(t))' = A'(t)B(t) + A(t)B'(t)$$
$$(\lambda A)'(t) = (\lambda(t)A(t))' = \lambda'(t)A(t) + \lambda(t)A'(t)$$

が得られます．

もし，$\lambda(t) = c$ (定数)ならば

$$(\lambda A)'(t) = (\lambda(t)A(t))' = cA'(t)$$

となります．

以上のことを公式としてまとめておきましょう．

公式 8.1

(1) $A(t)$, $B(t)$ は区間 I 上で定義された微分可能な (m, n) 型行列値関数ならば

$$(A(t) + B(t))' = A'(t) + B'(t). \tag{8.6}$$

(2) $A(t)$, $B(t)$ は，それぞれ区間 I 上で定義された微分可能な (m, n) 型，(n, l) 型行列値関数で，$\lambda(t)$ は区間 I 上で微分可能なスカラー値関数とするならば，

$$(A(t)B(t))' = A'(t)B(t) + A(t)B'(t). \tag{8.7}$$
$$(\lambda(t)A(t))' = \lambda'(t)A(t) + \lambda(t)A'(t). \tag{8.8}$$

特に，$\lambda(t) = c$ $(\in R)$ ならば，

$$(cA(t))' = cA'(t). \tag{8.9}$$

公式 8.1 は成分関数およびスカラー値関数が複素数値関数でも成り立ちます．

問 8.2　次の行列値関数を微分せよ．

(1) $A(t) = e^{2t}\begin{pmatrix} 1 & t \\ 0 & 1 \end{pmatrix}$

(2) $C(t) = \begin{pmatrix} \cos t & -\sin t \\ \sin t & \cos t \end{pmatrix}\begin{pmatrix} \cos 2t & -\sin 2t \\ \sin 2t & \cos 2t \end{pmatrix}$

8.2　行列値関数の積分

行列値関数を微分することと，その成分関数を微分することは一致することを，前節で述べました．

そこで，行列値関数の積分を，そのことを利用して定義することにします．

区間 I 上で定義された行列値関数 $A(t)=(a_{ij}(t))$ のすべての成分関数が積分可能とします．このとき，$A(t)$ は**積分可能**といい，次の式で積分を定義します．

$$\int A(t)dt=\left(\int a_{ij}(t)dt\right) \tag{8.10}$$

$$\int_a^b A(t)dt=\left(\int_a^b a_{ij}(t)dt\right) \tag{8.11}$$

ここで，例をあげておきましょう．

例 8.2　$A(t)=\begin{pmatrix}1 & 2t\\ 3t^2 & 4t^3\end{pmatrix}$ のとき，次を求めよ．

(1) $\int A(t)dt$　　　(2) $\int_1^2 A(t)dt$

解　(1) $\int A(t)dt=\begin{pmatrix}\int 1dt & \int 2tdt\\ \int 3t^2dt & \int 4t^3dt\end{pmatrix}$

$$=\begin{pmatrix}t+c_1 & t^2+c_2\\ t^3+c_3 & t^4+c_4\end{pmatrix}=\begin{pmatrix}t & t^2\\ t^3 & t^4\end{pmatrix}+\begin{pmatrix}c_1 & c_2\\ c_3 & c_4\end{pmatrix}$$

$$=\begin{pmatrix}t & t^2\\ t^3 & t^4\end{pmatrix}+C,$$

ここに，c_1, c_2, c_3, c_4 は任意の定数で，C はそれらを成分とする定行列．

(2) $\int_1^2 A(t)dt=\begin{pmatrix}\int_1^2 1dt & \int_1^2 2tdt\\ \int_1^2 3t^2dt & \int_1^2 4t^3dt\end{pmatrix}$

$$=\begin{pmatrix}[t]_1^2 & [t^2]_1^2\\ [t^3]_1^2 & [t^4]_1^2\end{pmatrix}=\begin{pmatrix}1 & 3\\ 7 & 15\end{pmatrix}.$$

ところで，例 8.2 の(2)の積分は

$$\int A(t)dt = \begin{pmatrix} t & t^2 \\ t^3 & t^4 \end{pmatrix}$$

を利用して，次のようにしてもよいことが，(2) の計算のプロセスからわかります．

$$\int_1^2 A(t)dt = \left[\begin{pmatrix} t & t^2 \\ t^3 & t^4 \end{pmatrix}\right]_1^2 = \begin{pmatrix} 2 & 4 \\ 8 & 16 \end{pmatrix} - \begin{pmatrix} 1 & 1 \\ 1 & 1 \end{pmatrix}$$
$$= \begin{pmatrix} 1 & 3 \\ 7 & 15 \end{pmatrix}.$$

つまり，1変数の定積分と同じように計算すればよいことなります．

そこで，今後は，$G'(t) = A(t)$ のとき，

$$\int_a^b A(t)dt = [G(t)]_a^b = G(b) - G(a)$$

のように計算することにします．ここに，$G(b)$，$G(a)$ は行列値関数の各成分に，それぞれ b，a を代入して得られる行列です．

また，(8.10)，(8.11)をそれぞれ行列値関数の**不定積分**，**定積分**と呼ぶことにします．

行列値関数の積分は，成分関数の積分を考えればよいので，普通の積分と同様な公式が成り立つことがわかります．

公式 8.2　$A(t)$，$B(t)$ は，それぞれ区間 I 上で定義された微分可能な $(m,\ n)$ 型行列値関数で，$\lambda \in \boldsymbol{R}$ ならば，次が成り立つ．

(1) $\int (A(t) \pm B(t))dt = \int A(t)dt \pm \int B(t)dt$ (複号同順)　(8.12)

(2) $\int \lambda A(t)dt = \lambda \int A(t)dt$　(8.13)

(3) C は $(l,\ m)$ 型の定行列とするならば

$$\int CA(t)dt = C\int A(t)dt \tag{8.14}$$

(4) C を $(n,\ l)$ 型の定行列とするならば

$$\int A(t)Cdt = \left(\int A(t)dt\right)C \tag{8.15}$$

公式 8.2 は，不定積分記号を，定積分記号に置き換えても成り立ちます．

また，次の定理が成り立つことも，1 変数の積分の場合と同様にして示すことができます．

定理 8.2　閉区間 I 上で定義された連続な (m, n) 型行列値関数 $A(t)$ は積分可能であり，任意の $a, t \in I$ に対して，

$$\frac{d}{dt}\left(\int_a^t A(x)dx\right) = A(t) \tag{8.16}$$

が成立する．

ノルムに関しては次が成り立ちます．

公式 8.3　$A(t)$ は閉区間 $I=[a, b]$ $(a<b)$ 上で定義された連続な (m, n) 型行列値関数とし， $M = \max_{t\in I}\|A(t)\|$ とすると，

$$\left\|\int_a^b A(t)dt\right\| \leqq (b-a)M. \tag{8.17}$$

証明　$A(t)=(a_{ij}(t))$ とおくと，

$$\int_a^b A(t)dt = \left(\int_a^b a_{ij}(t)dt\right).$$

$A(t)$ 連続なので，成分関数 $a_{ij}(t)$ も連続である．

よって，積分の平均値の定理から

$$\int_a^b a_{ij}(t)dt = (b-a)a_{ij}(\varsigma_{ij}) \quad (a \leqq \varsigma_{ij} \leqq b)$$

が成り立つ．　ゆえに，

$$\left\|\int_a^b A(t)dt\right\| = \sqrt{\sum_{i=1}^m \sum_{j=1}^n (b-a)^2 (a_{ij}(\varsigma_{ij}))^2}$$

$$= (b-a)\sqrt{\sum_{i=1}^m \sum_{j=1}^n (a_{ij}(\varsigma_{ij}))^2}$$

$$\leqq (b-a)\max_{t\in I}\sqrt{\sum_{i=1}^m \sum_{j=1}^n (a_{ij}(t))^2} = (b-a)M.$$

したがって，与式は証明された．

問 8.3　$A(t)=\begin{pmatrix}\cos t & -\sin t\\ \sin t & \cos t\end{pmatrix}$，$\boldsymbol{x}(t)=\begin{pmatrix}1\\ t\end{pmatrix}$ のとき，次を求めよ．

(1) $\displaystyle\int A(t)\boldsymbol{x}(t)dt$　　(2) $\displaystyle\int_0^{\frac{\pi}{2}} A(t)\boldsymbol{x}(t)dt$

---

§9 同次定数係数連立微分方程式への応用

例えば，連立線形微分方程式

$$\begin{cases} \dfrac{dx(t)}{dt} = x(t) + 2y(t) \\ \dfrac{dy(t)}{dt} = 2x(t) + y(t) \end{cases}$$

は，$\boldsymbol{x} = \begin{pmatrix} x(t) \\ y(t) \end{pmatrix}$，　$A = \begin{pmatrix} 1 & 2 \\ 2 & 1 \end{pmatrix}$ とおくと，

$$\frac{d\boldsymbol{x}}{dt} = A\boldsymbol{x}$$

と書くことができます．

本節と次節にわたり，このような連立 1 階線形微分方程式を，前節で学んだ行列値関数の微分・積分等を応用して，解く話をします．

本節は，同次連立 1 階線形微分方程式についての話です．

9.1　行列の指数関数 e^{tA} の微分と積分

微分方程式の話に入る前に準備をしておきましょう．

$M_n(\boldsymbol{R})$ $(M_n(\boldsymbol{C}))$ で成分が実数（複素数）である n 次正方行列全体の集合を表します．

$A \in M_n(\boldsymbol{R})$ のとき，第 7 節で行列の指数関数を

$$e^A = \sum_{n=0}^{\infty} \frac{1}{n!} A^n \tag{9.1}$$

で定義しました（(9.1) は $A \in M_n(\boldsymbol{C})$ でも定義できますが，話を簡単にする

ために，$A \in M_n(\boldsymbol{R})$ とします．(9.1) の右辺の級数は（ノルムの意味で）絶対収束し，しかも対応する数べキ級数の収束半径は無限大です（これらのことについては，§7 の 7.4 を参照して下さい）．

よって，行列の指数関数 e^{tA} $(t \in \boldsymbol{R})$ は，

$$e^{tA} = \sum_{n=0}^{\infty} \frac{1}{n!}(tA)^n \tag{9.2}$$

となり，(9.2)の右辺は t について項別微分可能になります．

したがって，

$$\begin{aligned}\frac{d}{dt}e^{tA} &= \frac{d}{dt}\sum_{n=0}^{\infty} \frac{1}{n!}A^n t^n = \sum_{n=0}^{\infty} \frac{d}{dt}\left(\frac{1}{n!}A^n t^n\right) \\ &= \sum_{n=1}^{\infty} \frac{n}{n!}A^n t^{n-1} = A\sum_{n=1}^{\infty} \frac{1}{(n-1)!}A^{n-1}t^{n-1} \\ &= Ae^{tA}\end{aligned}$$

が得られます．

次に，積分の話に移りましょう．

$$\frac{d}{dt}e^{tA} = Ae^{tA}$$

ですから，A が正則ならば

$$\frac{d}{dt}(A^{-1}e^{tA}) = e^{tA}$$

となります．ゆえに，

$$\int e^{tA}dt = A^{-1}e^{tA} + C$$

が得られます．ここに，C は任意の定行列（成分がすべて定数である行列）です．

以上のことを，公式としてまとめると次のようになります．

公式 9.1　(1) $A \in M_n(\boldsymbol{R})$, $t \in \boldsymbol{R}$ ならば

$$(e^{tA})' = Ae^{tA}$$

(2) $A \in M_n(\boldsymbol{R})$ で正則ならば

$$\int e^{tA}dt = A^{-1}e^{tA} + C \quad (C \text{ は定行列})$$

次に,

$$e^{P(tA)P^{-1}} \quad (t \in \boldsymbol{R})$$

の計算の仕方について述べておきます．ここに，A, $P \in M_n(\boldsymbol{R})$ で，P は正則とします．なお，この式は，実際に微分方程式を解くときに必要になります．

$$(P(tA)P^{-1})^n = P(tA)^n P^{-1} \quad (n = 0, 1, 2, \cdots)$$

ですから,

$$\begin{aligned} e^{P(tA)P^{-1}} &= \sum_{n=0}^{\infty} \frac{1}{n!}(P(tA)P^{-1})^n \\ &= \sum_{n=0}^{\infty} \frac{1}{n!}(P(tA)^n P^{-1}) \\ &= P\left(\sum_{n=0}^{\infty} \frac{(tA)^n}{n!}\right)P^{-1} = Pe^{tA}P^{-1} \end{aligned}$$

となります．

また，$A = \begin{pmatrix} a & 0 \\ 0 & b \end{pmatrix}$, $B = \begin{pmatrix} a & 1 \\ 0 & a \end{pmatrix}$ のとき，e^A, e^B も必要になります．そこで，これらを計算した結果と，上記の結果を，公式としてまとめておきましょう．

公式 9.2　(1) A, $P \in M_n(\boldsymbol{R})$ で P は正則とし，$t \in \boldsymbol{R}$ ならば

$$e^{P(tA)P^{-1}} = Pe^{tA}P^{-1}. \tag{9.3}$$

(2) $A = \begin{pmatrix} a & 0 \\ 0 & b \end{pmatrix}$, $B = \begin{pmatrix} a & 1 \\ 0 & a \end{pmatrix}$ ならば,

$$e^A = \begin{pmatrix} e^a & 0 \\ 0 & e^b \end{pmatrix} \tag{9.4}$$

$$e^B = \begin{pmatrix} e^a & e^a \\ 0 & e^a \end{pmatrix}. \tag{9.5}$$

問9.1　(1)公式9.2の(9.4), (9.5)を証明せよ.
(2)公式9.2の(2)で, $t \in \boldsymbol{R}$ ならば

$$e^{tB}=\begin{pmatrix} e^{ta} & te^{ta} \\ 0 & e^{ta} \end{pmatrix}$$

となることを示せ.

これで, 準備が整ったので微分方程式の話に入りましょう.

9.2　解の存在と一意性

一般論から話を始めます.

微分方程式

$$\begin{cases} \dfrac{dx_1}{dt}=a_{11}(t)x_1(t)+\cdots+a_{1n}(t)x_n(t)+b_1(t) \\ \dfrac{dx_2}{dt}=a_{21}(t)x_1(t)+\cdots+a_{2n}(t)x_n(t)+b_2(t) \\ \cdots\cdots\cdots\cdots\cdots\cdots\cdots\cdots\cdots\cdots\cdots\cdots \\ \dfrac{dx_n}{dt}=a_{n1}(t)x_1(t)+\cdots+a_{nn}(t)x_n(t)+b_n(t) \end{cases} \tag{9.6}$$

は**連立1階線形微分方程式**と呼ばれています.

いま,

$$A(t)=\begin{pmatrix} a_{11}(t) & \cdots & a_{1n}(t) \\ a_{21}(t) & \cdots & a_{2n}(t) \\ \cdots & \cdots & \cdots \\ a_{n1}(t) & \cdots & a_{nn}(t) \end{pmatrix}, \quad \boldsymbol{x}=\begin{pmatrix} x_1(t) \\ x_2(t) \\ \vdots \\ x_n(t) \end{pmatrix}$$

$$\boldsymbol{b}(t)=\begin{pmatrix} b_1(t) \\ b_2(t) \\ \vdots \\ b_n(t) \end{pmatrix}$$

とおくと, (9.6)は

$$\frac{d\boldsymbol{x}}{dt}=A(t)\boldsymbol{x}+\boldsymbol{b}(t) \tag{9.7}$$

と書くことができます．(9.7)を単に**線形微分方程式**と呼ぶことにします．

線形微分方程式(9.7)の解の存在と一意性については次のことが知られています(証明は微分方程式関係の本に委ねます)．

定理 9.1　I は開区間とし，線形微分方程式(9.7)において，$A(t)$, $b(t)$ は区間 I で連続とする．このとき，区間内の任意の点 t_0 で初期条件 $\boldsymbol{x}(t_0)=\boldsymbol{a}$ を満たす微分方程式(9.7)の解は区間 I で存在し，しかもただ1つである．ここに，$\boldsymbol{a}$ は定ベクトル(成分がすべて定数であるベクトル)である．

例えば，冒頭の微分方程式

$$\begin{cases} \dfrac{dx(t)}{dt} = x(t) + 2y(t) \\ \dfrac{dy(t)}{dt} = 2x(t) + y(t) \end{cases}$$

は，開区間 $I=(-\infty,\ \infty)$ で，初期条件 $x(0)=1$, $y(0)=0$ を満たす解を持ち，しかもただ1つであることが，定理9.1からわかります．

9.3　同次定数係数線形微分方程式の一般解

線形微分方程式(9.7)は，$A(t)$ は n 次の定行列で，$\boldsymbol{b}(t)=\boldsymbol{0}$ のとき，**同次定数係数線形微分方程式**と呼ばれています．

この場合 $A(t)$ を単に A で表すと，(9.7)は

$$\frac{d\boldsymbol{x}}{dt} = A\boldsymbol{x} \tag{9.8}$$

の形になります．

ここで，(9.8)の一般解(任意定数を含む解)を求めることを考えてみよう．

一般に

$$\frac{d}{dt}e^{tA} = Ae^{tA}$$

が成り立っていますので

$$\boldsymbol{x} = e^{tA}\boldsymbol{c} \quad (\boldsymbol{c} = \boldsymbol{x}(\boldsymbol{0})) \tag{9.9}$$

が(9.8)の解になるだろうと予想できます．

そこで，(9.9)を(9.8)に代入すると

$$\frac{d\boldsymbol{x}}{dt} = \frac{d}{dt}(e^{tA}\boldsymbol{c}) = \left(\frac{d}{dt}e^{tA}\right)\boldsymbol{c} = Ae^{tA}\boldsymbol{c} = A\boldsymbol{x}$$

となり，確かに解であることがわかります．

また，定理 9.1 の解の一意性から，(9.9) の解は $\boldsymbol{x} = e^{tA}\boldsymbol{c}$ に限ることもわかります．よって，次の定理が得られたことになります．

定理 9.2　同次線形微分方程式(9. 8)すなわち

$$\frac{d\boldsymbol{x}}{dt} = A\boldsymbol{x}$$

の一般解は $\boldsymbol{x} = e^{tA}\boldsymbol{c}$ である．ここに，$\boldsymbol{c}$ は任意の定ベクトルである．

ここで，定理 9.2 を用いて，実際に微分方程式を解いてみよう．

例 9.1　次の微分方程式を解け．

(1) $\begin{cases} \dfrac{dx}{dt} = x + 2y \\ \dfrac{dy}{dt} = 2x + y \end{cases}$　　(2) $\begin{cases} \dfrac{dx}{dt} = 5x - 3y \\ \dfrac{dy}{dt} = 3x - y \end{cases}$

解　(1) $\boldsymbol{x} = \begin{pmatrix} x \\ y \end{pmatrix}$, $A = \begin{pmatrix} 1 & 2 \\ 2 & 1 \end{pmatrix}$ とおくと，与式は

$$\frac{d\boldsymbol{x}}{dt} = A\boldsymbol{x}$$

となる．よって，一般解は定理 9.2 から

$$\boldsymbol{x} = e^{tA}\boldsymbol{c} \tag{9.10}$$

である．したがって，e^{tA} を求めればよい（直接，行列の指数関数の定義によって求めると計算が大変なので，公式 9.2 等を利用して求めることにす

る).

A は対称行列なので対角化可能である．そこで，まず A を対角化する．

A の固有値は 3 と -1 で，それらに属する固有ベクトル(の 1 つ)はそれぞれ，$\begin{pmatrix}1\\1\end{pmatrix}$, $\begin{pmatrix}1\\-1\end{pmatrix}$ であるから，$P=\begin{pmatrix}1 & 1\\1 & -1\end{pmatrix}$ とおくと，

$$P^{-1}AP=\begin{pmatrix}3 & 0\\0 & -1\end{pmatrix}$$

となる．ここで，$J=\begin{pmatrix}3 & 0\\0 & -1\end{pmatrix}$ とおくと

$$A=PJP^{-1}.$$

よって，(9.10)から

$$\boldsymbol{x}=e^{t(PJP^{-1})}\boldsymbol{c}=e^{P(tJ)P^{-1}}\boldsymbol{c}$$

となる．したがって，公式 9.2 の(9.3)より

$$\boldsymbol{x}=Pe^{tJ}P^{-1}\boldsymbol{c}$$

となる．いま，$P^{-1}\boldsymbol{c}$ を改めて $\boldsymbol{c}$ とおくと

$$\boldsymbol{x}=Pe^{tJ}\boldsymbol{c}. \tag{9.11}$$

ここで，$\boldsymbol{c}=\begin{pmatrix}c_1\\c_2\end{pmatrix}$ とする．

公式 9.2 の(9.4)より

$$e^{tJ}=e^{\begin{pmatrix}3t & 0\\0 & -t\end{pmatrix}}=\begin{pmatrix}e^{3t} & 0\\0 & e^{-t}\end{pmatrix}$$

となるから，

$$\boldsymbol{x}=\begin{pmatrix}1 & 1\\1 & -1\end{pmatrix}\begin{pmatrix}e^{3t} & 0\\0 & e^{-t}\end{pmatrix}\begin{pmatrix}c_1\\c_2\end{pmatrix}=\begin{pmatrix}c_1e^{3t}+c_2e^{-t}\\c_1e^{3t}-c_2e^{-t}\end{pmatrix}.$$

よって，求める一般解は

$$\begin{cases}x=c_1e^{3t}+c_2e^{-t}\\y=c_1e^{3t}-c_2e^{-t}\end{cases}$$

となる．ここに，c_1, c_2 は任意定数.

(2) (1) $\boldsymbol{x}=\begin{pmatrix}x\\y\end{pmatrix}$, $A=\begin{pmatrix}5 & -3\\3 & -1\end{pmatrix}$ とおくと，与式は

$$\frac{d\boldsymbol{x}}{dt}=A\boldsymbol{x}$$

となる．よって，一般解は

$$\boldsymbol{x}=e^{tA}\boldsymbol{c}$$

である．

A の固有値は 2 (重解) である．任意の正方行列はジョルダンの標準形にすることができるから，

$$P^{-1}AP=\begin{pmatrix}2 & 1\\ 0 & 2\end{pmatrix}\ (=J) \tag{9.12}$$

を満たす正則行列 P が存在する (ジョルダンの標準形については §5 の定理 5.1 を参照されたい)．

ここで，$P=(\boldsymbol{p}_1,\ \boldsymbol{p}_2)$ とおき，ベクトル $\boldsymbol{p}_1$, $\boldsymbol{p}_2$ を求めてみよう．(9.12) から，

$$A(\boldsymbol{p}_1,\ \boldsymbol{p}_2)=(\boldsymbol{p}_1,\ \boldsymbol{p}_2)\begin{pmatrix}2 & 1\\ 0 & 2\end{pmatrix}.$$

よって，この式から

$$\begin{cases}A\boldsymbol{p}_1=2\boldsymbol{p}_1\\ A\boldsymbol{p}_2=\boldsymbol{p}_1+2\boldsymbol{p}_2\end{cases} \tag{9.13}$$

を得る．したがって，この方程式を満たす $\boldsymbol{p}_1$, $\boldsymbol{p}_2$ を (1 組) 求めればよい．

$$\boldsymbol{p}_1=\begin{pmatrix}x_1\\ y_1\end{pmatrix},\quad \boldsymbol{p}_2=\begin{pmatrix}x_2\\ y_2\end{pmatrix}$$

とおくと，(9.13) の第 1 式から

$$\begin{pmatrix}5 & -3\\ 3 & -1\end{pmatrix}\begin{pmatrix}x_1\\ y_1\end{pmatrix}=2\begin{pmatrix}x_1\\ y_1\end{pmatrix}.$$

よって，解の 1 つとして $\boldsymbol{p}_1=\begin{pmatrix}1\\ 1\end{pmatrix}$ を得る．

次に，(9.13) の第 2 式に，$\boldsymbol{p}_1=\begin{pmatrix}1\\ 1\end{pmatrix}$ を用いると

$$\begin{pmatrix}5 & -3\\ 3 & -1\end{pmatrix}\begin{pmatrix}x_2\\ y_2\end{pmatrix}=\begin{pmatrix}1\\ 1\end{pmatrix}+2\begin{pmatrix}x_2\\ y_2\end{pmatrix}$$

を得る．このとき，この方程式の 1 つの解として

$\boldsymbol{p}_2 = \begin{pmatrix} 1 \\ \dfrac{2}{3} \end{pmatrix}$ を得る．ゆえに，

$$P = \begin{pmatrix} 1 & 1 \\ 1 & \frac{2}{3} \end{pmatrix}.$$

また，問 9.1 の(2)より

$$e^{tJ} = e^{\begin{pmatrix} 2t & t \\ 0 & 2t \end{pmatrix}} = \begin{pmatrix} e^{2t} & te^{2t} \\ 0 & e^{2t} \end{pmatrix}.$$

よって，(9.11)から

$$\begin{aligned} \boldsymbol{x} = Pe^{tJ}\boldsymbol{c} &= \begin{pmatrix} 1 & 1 \\ 1 & \frac{2}{3} \end{pmatrix} \begin{pmatrix} e^{2t} & te^{2t} \\ 0 & e^{2t} \end{pmatrix} \begin{pmatrix} c_1 \\ c_2 \end{pmatrix} \\ &= \begin{pmatrix} c_1 e^{2t} + c_2 te^{2t} + c_2 e^{2t} \\ c_1 e^{2t} + c_2 te^{2t} + \dfrac{2}{3} c_2 e^{2t} \end{pmatrix} \end{aligned}$$

したがって，求める一般解は

$$\begin{cases} x = (c_1 + c_2(t+1))e^{2t} \\ y = \left(c_1 + c_2\left(t + \dfrac{2}{3}\right)\right)e^{2t} \end{cases}$$

となる．ここに，c_1，c_2 は任意定数．

今までは，微分方程式 $\dfrac{d\boldsymbol{x}}{dt} = A\boldsymbol{x}$ において，行列 A の成分はすべて実数でしたが，実は，A の成分が複素数でも，まったく同様にして解くことができます．

念のため例をあげておきましょう．

例 9.2　次の微分方程式を解け．ただし，i は虚数単位．

$$\begin{cases} \dfrac{dx}{dt} = x + iy \\ \dfrac{dy}{dt} = ix + y \end{cases}$$

解　$\boldsymbol{x} = \begin{pmatrix} x \\ y \end{pmatrix}$，$A = \begin{pmatrix} 1 & i \\ i & 1 \end{pmatrix}$ とおくと，与式は

$$\frac{d\boldsymbol{x}}{dt} = A\boldsymbol{x}$$

となる．よって，一般解は定理9.2から，$\boldsymbol{x} = e^{tA}c$.
ゆえに，e^{tA}を求めればよい．
Aの固有値は$1+i$, $1-i$で，それらに属する固有ベクトル(の1つ)は，
$\begin{pmatrix} 1 \\ 1 \end{pmatrix}$, $\begin{pmatrix} 1 \\ -1 \end{pmatrix}$である．　このとき，

$$P = \begin{pmatrix} 1 & 1 \\ 1 & -1 \end{pmatrix}$$

とおくと，

$$P^{-1}AP = \begin{pmatrix} 1+i & 0 \\ 0 & 1-i \end{pmatrix} \quad \text{すなわち} \quad A = P\begin{pmatrix} 1+i & 0 \\ 0 & 1-i \end{pmatrix}P^{-1}$$

となるから，例9.1の(1)と全く同様にして，$\boldsymbol{x}$を求めると

$$\boldsymbol{x} = \begin{pmatrix} 1 & 1 \\ 1 & -1 \end{pmatrix}\begin{pmatrix} e^{(1+i)t} & 0 \\ 0 & e^{(1-i)t} \end{pmatrix}\begin{pmatrix} c_1 \\ c_2 \end{pmatrix}.$$

ここで，

$$e^{(1+i)t} = e^t(\cos t + i\sin t),\ e^{(1-i)t} = e^t(\cos t - i\sin t)$$

であることに注意すれば

$$\boldsymbol{x} = e^t\begin{pmatrix} (c_1+c_2)\cos t + (c_1-c_2)i\sin t \\ (c_1-c_2)\cos t + (c_1+c_2)i\sin t \end{pmatrix}$$

となる．

c_1+c_2, c_1-c_2を，改めて，それぞれc_1, c_2とおくと，求める一般解は

$$\begin{cases} x(t) = e^t(c_1\cos t + ic_2\sin t) \\ y(t) = e^t(c_2\cos t + ic_1\sin t) \end{cases}$$

となる．

問9.2　次の微分方程式を解け．

(1) $\begin{cases} \dfrac{dx}{dt} = x + y \\ \dfrac{dy}{dt} = 4x - 2y \end{cases}$　　(2) $\begin{cases} \dfrac{dx}{dt} = -3x - y \\ \dfrac{dy}{dt} = x - y \end{cases}$

---

§10 非同次定数係数連立微分方程式

前節では，同次線形微分方程式への応用について述べました．ここでは

$$\begin{cases} \dfrac{dx(t)}{dt} = x(t) + 4y(t) + e^{3t} \\ \dfrac{dy(t)}{dt} = 2x(t) - y(t) - e^{3t} \end{cases}$$

のような非同次形への応用の話をします．

10.1 非同次定数係数線形微分方程式の一般解

連立 1 階線形微分方程式

$$\begin{cases} \dfrac{dx_1}{dt} = a_{11}(t)x_1(t) + \cdots + a_{1n}(t)x_n(t) + b_1(t) \\ \dfrac{dx_2}{dt} = a_{21}(t)x_1(t) + \cdots + a_{2n}(t)x_n(t) + b_2(t) \\ \cdots\cdots\cdots\cdots\cdots\cdots\cdots\cdots \\ \dfrac{dx_n}{dt} = a_{n1}(t)x_1(t) + \cdots + a_{nn}(t)x_n(t) + b_n(t) \end{cases}$$

は

$$\frac{d\boldsymbol{x}}{dt} = A(t)\boldsymbol{x}(t) + \boldsymbol{b}(t) \tag{10.1}$$

と書くことができます．ここに，$A(t) = (a_{ij}(t))$，$\boldsymbol{x} = {}^t(x_1(t)x_2(t)\cdots x_n(t))$，$\boldsymbol{b}(t) = {}^t(b_1(t)\ b_2(t)\cdots b_n(t))$ です．特に，$A(t)$ が定行列で，$\boldsymbol{b}(t) \neq \boldsymbol{0}$ のとき，(10.1) は**非同次定数係数線形微分方程式**と言います．

今後は，定数係数の場合のみを扱うことになりますので，非同次線形微分

方程式と言えば定数係数の場合を意味することとします.

では，早速(10.1)で $A(t)$ が定行列の場合の一般解を求めてみましょう.

$A(t)$ が定行列なので，$A(t)$ を A で表すことにします.

このとき,(10.1)は

$$\frac{d\boldsymbol{x}}{dt} = A\boldsymbol{x}(t) + \boldsymbol{b}(t) \tag{10.2}$$

と表されます.

同次線形微分方程式

$$\frac{d\boldsymbol{x}}{dt} = A\boldsymbol{x}(t)$$

の一般解は，前回の定理 9.2 から，$\boldsymbol{x} = e^{tA}\boldsymbol{c}$ です．そこで，いま，(10.2)の解を

$$\boldsymbol{x} = e^{tA}\boldsymbol{c}(t)$$

としましょう.

このとき

$$\frac{d\boldsymbol{x}}{dt} = Ae^{tA}\boldsymbol{c}(t) + e^{tA}\frac{d\boldsymbol{c}}{dt} \tag{10.3}$$

となります．(10.3)を(10.2)に代入すると

$$Ae^{tA}\boldsymbol{c}(t) + e^{tA}\frac{d\boldsymbol{c}}{dt} = Ae^{tA}\boldsymbol{c}(t) + \boldsymbol{b}(t)$$

となります．この式から

$$e^{tA}\frac{d\boldsymbol{c}}{dt} = \boldsymbol{b}(t)$$

が得られますから,

$$\frac{d\boldsymbol{c}}{dt} = e^{-tA}\boldsymbol{b}(t)$$

となります．よって

$$\boldsymbol{c}(t) = \int e^{-tA}\boldsymbol{b}(t)dt + \boldsymbol{d} \quad (\boldsymbol{d} \text{ は任意の定ベクトル})$$

となり，求める一般解は

$$\boldsymbol{x}(t) = e^{tA}\boldsymbol{c}(t) = e^{tA}\left(\int e^{-tA}\boldsymbol{b}(t)dt + \boldsymbol{d}\right)$$

となります．ここで，$\boldsymbol{d}$ を改めて $\boldsymbol{c}$ で表すと，次の定理が得られたことになります．

定理 10.1　非同次定数係数微分方程式(10.2)すなわち

$$\frac{d\boldsymbol{x}}{dt} = A\boldsymbol{x}(t) + \boldsymbol{b}(t)$$

の一般解は

$$\boldsymbol{x} = e^{tA}\left(\int e^{-tA}\boldsymbol{b}(t)dt + \boldsymbol{c}\right) \tag{10.4}$$

である．ここに，$\boldsymbol{c}$ は任意の定ベクトル．

ここで，定理 10.1 を用いて，実際に問題を解いてみよう．なお，$\boldsymbol{x}(t)$ などを $\boldsymbol{x}$ などと略記することにします．

例 10.1　次の非同次連立 1 階線形微分方程式を解け．

(1) $\begin{cases} \dfrac{dx}{dt} = x + 4y + e^{3t} \\ \dfrac{dy}{dt} = 2x - y - e^{3t} \end{cases}$　　(2) $\begin{cases} \dfrac{dx}{dt} = y \\ \dfrac{dy}{dt} = -x + \cos t \end{cases}$

解　(1) これは冒頭の微分方程式である．いま，

$$\boldsymbol{x} = \begin{pmatrix} x \\ y \end{pmatrix},\quad A = \begin{pmatrix} 1 & 4 \\ 2 & -1 \end{pmatrix},\quad \boldsymbol{b}(t) = \begin{pmatrix} e^{3t} \\ -e^{3t} \end{pmatrix}$$

とおくと，与式は

$$\frac{d\boldsymbol{x}}{dt} = A\boldsymbol{x} + \boldsymbol{b}$$

となる．ゆえに，求める一般解は定理 10.1 の (10.4) の形で与えられる．したがって，e^{tA}，$\int e^{-tA}\boldsymbol{b}(t)dt$ を求めればよいことになる．

A の固有値は 3，-3 で，それらに属する固有ベクトル (の 1 つ) はそれぞ

れ $\begin{pmatrix}2\\1\end{pmatrix}$, $\begin{pmatrix}1\\-1\end{pmatrix}$ である．ここで，

$$P=\begin{pmatrix}2 & 1\\1 & -1\end{pmatrix},\quad J=\begin{pmatrix}3 & 0\\0 & -3\end{pmatrix}$$

とおくと

$$P^{-1}AP=J \text{ すなわち } A=PJP^{-1}$$

となる．

前回の公式 9.2 の(1), (2)から

$$e^{tA}=Pe^{tJ}P^{-1}=\frac{1}{3}\begin{pmatrix}2 & 1\\1 & -1\end{pmatrix}\begin{pmatrix}e^{3t} & 0\\0 & e^{-3t}\end{pmatrix}\begin{pmatrix}1 & 1\\1 & -2\end{pmatrix}$$
$$=\frac{1}{3}\begin{pmatrix}2e^{3t}+e^{-3t} & 2e^{3t}-2e^{-3t}\\e^{3t}-e^{-3t} & e^{3t}+2e^{-3t}\end{pmatrix}.$$

また，上記の式で t の代わりに $-t$ とおくと

$$e^{-tA}=\frac{1}{3}\begin{pmatrix}2e^{-3t}+e^{3t} & 2e^{-3t}-2e^{3t}\\e^{-3t}-e^{3t} & e^{-3t}+2e^{3t}\end{pmatrix}.$$

ゆえに，

$$e^{-tA}\boldsymbol{b}(t)=\frac{1}{3}\begin{pmatrix}2e^{-3t}+e^{3t} & 2e^{-3t}-2e^{3t}\\e^{-3t}-e^{3t} & e^{-3t}+2e^{3t}\end{pmatrix}\begin{pmatrix}e^{3t}\\-e^{3t}\end{pmatrix}$$
$$=\begin{pmatrix}e^{6t}\\-e^{6t}\end{pmatrix}.$$

よって，求める一般解は

$$\boldsymbol{x}=e^{tA}\left(\int e^{-tA}\boldsymbol{b}(t)dt+\boldsymbol{c}\right)=e^{tA}\left(\int\begin{pmatrix}e^{6t}\\-e^{6t}\end{pmatrix}dt+\boldsymbol{c}\right).$$

ところで，行列値関数の積分は各成分関数を積分すればよいから，$\boldsymbol{c}={}^t(c_1\quad c_2)$ とすると

$$\boldsymbol{x}=\frac{1}{18}\begin{pmatrix}2e^{3t}+e^{-3t} & 2e^{3t}-2e^{-3t}\\e^{3t}-e^{-3t} & e^{3t}+2e^{-3t}\end{pmatrix}\left\{\begin{pmatrix}e^{6t}\\-e^{6t}\end{pmatrix}+6\begin{pmatrix}c_1\\c_2\end{pmatrix}\right\}$$
$$=\frac{1}{6}\begin{pmatrix}e^{3t}\\-e^{3t}\end{pmatrix}+\frac{1}{3}\begin{pmatrix}2(c_1+c_2)e^{3t}+(c_1-2c_2)e^{-3t}\\(c_1+c_2)e^{3t}-(c_1-2c_2)e^{-3t}\end{pmatrix}.$$

ここで，$\frac{1}{3}(c_1+c_2)$，$\frac{1}{3}(c_1-2c_2)$ を改めて，それぞれ c_1，c_2 とすると，

$$\boldsymbol{x}=\frac{1}{6}\begin{pmatrix}e^{3t}\\-e^{3t}\end{pmatrix}+\begin{pmatrix}2c_1e^{3t}+c_2e^{-3t}\\c_1e^{3t}-c_2e^{-3t}\end{pmatrix}.$$

したがって，求める解は

$$\begin{cases}x=2c_1e^{3t}+c_2e^{-3t}+\dfrac{1}{6}e^{3t}\\[2mm] y=c_1e^{3t}-c_2e^{-3t}-\dfrac{1}{6}e^{3t}\end{cases}.$$

ここに，c_1，c_2 は任意定数.

(2) (1) と全く同様にして求めることができる.

$$\boldsymbol{x}=\begin{pmatrix}x\\y\end{pmatrix},\ A=\begin{pmatrix}0&1\\-1&0\end{pmatrix},\ \boldsymbol{b}(t)=\begin{pmatrix}0\\\cos t\end{pmatrix}$$

とおくと，与式は

$$\frac{d\boldsymbol{x}}{dt}=A\boldsymbol{x}+\boldsymbol{b}(t)$$

となる．ゆえに，求める一般解は定理 10.1 の (10.4) の形で与えられる．したがって，e^{tA}，$\displaystyle\int e^{-tA}\boldsymbol{b}(t)dt$ を求めればよいことになる.

A の固有値は i，$-i$ で，それらに属する固有ベクトル (の 1 つ) はそれぞれ $\begin{pmatrix}1\\i\end{pmatrix}$，$\begin{pmatrix}1\\-i\end{pmatrix}$ である．いま，

$$P=\begin{pmatrix}1&1\\i&-i\end{pmatrix},\quad J=\begin{pmatrix}i&0\\0&-i\end{pmatrix}$$

とおくと

$$\begin{aligned}e^{tA}=Pe^{tJ}P^{-1}&=\frac{1}{2}\begin{pmatrix}1&1\\i&-i\end{pmatrix}\begin{pmatrix}e^{it}&0\\0&e^{-it}\end{pmatrix}\begin{pmatrix}1&-i\\1&i\end{pmatrix}\\&=\frac{1}{2}\begin{pmatrix}e^{it}+e^{-it}&-i(e^{it}-e^{-it})\\i(e^{it}-e^{-it})&e^{it}+e^{-it}\end{pmatrix}.\end{aligned}$$

ところで，$e^{it}=\cos t+i\sin t$，$e^{-it}=\cos t-i\sin t$ であるから，

$$e^{it}+e^{-it}=2\cos t,\ e^{it}-e^{-it}=2i\sin t.$$

ゆえに，

$$e^{tA}=\begin{pmatrix}\cos t&\sin t\\-\sin t&\cos t\end{pmatrix}.$$

e^{-tA} は上記の式で t の代わりに $-t$ とおくことにより，求められるから

$$e^{-tA}\boldsymbol{b}(t)=\begin{pmatrix}\cos t & -\sin t\\ \sin t & \cos t\end{pmatrix}\begin{pmatrix}0\\ \cos t\end{pmatrix}$$

$$=\begin{pmatrix}-\sin t\cos t\\ \cos^2 t\end{pmatrix}=\begin{pmatrix}-\dfrac{1}{2}\sin 2t\\ \dfrac{1}{2}(1+\cos 2t)\end{pmatrix}.$$

ゆえに，

$$\int e^{-tA}\boldsymbol{b}(t)dt=\begin{pmatrix}\dfrac{1}{4}\cos 2t\\ \dfrac{1}{2}t+\dfrac{1}{4}\sin 2t\end{pmatrix}.$$

したがって，$\boldsymbol{c}=\begin{pmatrix}c_1\\ c_2\end{pmatrix}$ とおくと

$$\boldsymbol{x}(t)=\begin{pmatrix}\cos t & \sin t\\ -\sin t & \cos t\end{pmatrix}\left(\begin{pmatrix}\dfrac{1}{4}\cos 2t\\ \dfrac{1}{2}t+\dfrac{1}{4}\sin 2t\end{pmatrix}+\begin{pmatrix}c_1\\ c_2\end{pmatrix}\right)$$

$$=\begin{pmatrix}\left(c_1+\dfrac{1}{4}\right)\cos t+c_2\sin t+\dfrac{1}{2}t\sin t\\ -\left(c_1+\dfrac{1}{4}\right)\sin t+c_2\cos t+\dfrac{1}{2}\sin t+\dfrac{1}{2}t\cos t\end{pmatrix}.$$

ここで，$c_1+\dfrac{1}{4}$ を改めて，c_1 とおけば，求める一般解は

$$\begin{cases}x(t)=c_1\cos t+c_2\sin t+\dfrac{1}{2}t\sin t\\ y(t)=-c_1\sin t+c_2\cos t+\dfrac{1}{2}(\sin t+t\cos t)\end{cases}$$

となる．ここに，c_1，c_2 は任意定数．

問 10.1　次の微分方程式を解け．

(1) $\begin{cases}\dfrac{dx}{dt}=-2x+2y+1\\ \dfrac{dy}{dt}=-x-5y+2\end{cases}$　　(2) $\begin{cases}\dfrac{dx}{dt}=y\\ \dfrac{dy}{dt}=-x+2\sin t\end{cases}$

10.2　初期値問題の解

最初に，冒頭の微分方程式

$$\begin{cases} \dfrac{dx(t)}{dt} = x(t) + 4y(t) + e^{3t} \\ \dfrac{dy(t)}{dt} = 2x(t) - y(t) - e^{3t} \end{cases}$$

で，$x(0)=1$，$y(0)=0$ を満たす解を求める問題を考えてみましょう．このような問題を**初期値問題**と言い，その条件を**初期値条件**と言います．

この微分方程式の一般解は例 10.1 の(1)より

$$\begin{cases} x(t) = 2c_1e^{3t} + c_2e^{-3t} + \dfrac{1}{6}e^{3t} \\ y(t) = c_1e^{3t} - c_2e^{-3t} - \dfrac{1}{6}e^{3t} \end{cases}$$

ですから，初期条件 $x(0)=1$，$y(0)=0$ より

$$\begin{cases} 2c_1 + c_2 + \dfrac{1}{6} = 1 \\ c_1 - c_2 - \dfrac{1}{6} = 0 \end{cases}$$

という式が得られます．この 2 つの式から c_1，c_2 を求めると，$c_1 = \dfrac{1}{3}$，$c_2 = \dfrac{1}{6}$ となります．したがって，求める解は

$$\begin{cases} x(t) = \dfrac{5}{6}e^{3t} + \dfrac{1}{6}e^{-3t} \\ y(t) = \dfrac{1}{6}e^{3t} - \dfrac{1}{6}e^{-3t} \end{cases}$$

となります．このように，一般解の任意定数に具体的な数を代入して得られる個々の解を，**特殊解**と呼びます．

一般解がわかれば，初期値問題の解は求まりますが，念のため，初期値問題

$$\frac{d\boldsymbol{x}}{dt} = A\boldsymbol{x} + \boldsymbol{b}(t) \quad \boldsymbol{x}(t_0) = \boldsymbol{a} \tag{10.5}$$

の解を与えておきましょう．

定理 10.1 から

$$\frac{d\boldsymbol{x}}{dt} = A\boldsymbol{x}(t) + \boldsymbol{b}(t)$$

の一般解は

$$\boldsymbol{x} = e^{tA}\boldsymbol{c} + e^{tA}\int e^{-tA}\boldsymbol{b}(t)dt$$

でしたから，$\boldsymbol{x}(t_0) = \boldsymbol{a}$ を満たす解は

$$\boldsymbol{x} = e^{(t-t_0)A}\boldsymbol{a} + e^{tA}\int_{t_0}^{t} e^{-As}\boldsymbol{b}(s)ds \tag{10.6}$$

と予想できます．これが (10.5) の解になることは，容易に確かめることができます．

問 10.2　次の初期値問題を解け．

$$\begin{cases} \dfrac{dx}{dt} = 4x - 2y + 1 \\ \dfrac{dy}{dt} = 3x - y \end{cases} \quad x(0) = 1, \quad y(0) = 2.$$

10.3　2 階定数係数線形微分方程式の解

$$y'' + p(t)y' + q(t)y = r(t) \tag{10.7}$$

の形の微分方程式は **2 階線形微分方程式**と呼ばれています．ここでは，y は未知関数であって，t は独立変数です．また，$p(t)$，$q(t)$，$r(t)$ はいずれも t のみの関数かまたは定数です．

特に，$r(t) = 0$ のときは **2 階同次線形微分方程式**といい，$r(t) \neq 0$ のときは **2 階非同次線形微分方程式**と言います．$p(t)$，$q(t)$ が定数のとき，(10.7)

は2**階定数係数線形微分方程式**と呼ばれています．

ここでは，定数係数の場合を考えることにします．すなわち

$$y'' + py' + qy = r(t)\ (p,\ q\ は定数) \tag{10.8}$$

の場合を考えます．

(10.8)は，$y' = z$, $z' = -qy - p$ とおくと，

$$\begin{cases} \dfrac{dy}{dt} = z \\ \dfrac{dz}{dt} = -qy - pz + r(t) \end{cases} \tag{10.9}$$

と書くことができますから，定理10.1によって解を求めることができます．実際，

$$A = \begin{pmatrix} 0 & 1 \\ -q & -p \end{pmatrix},\ \boldsymbol{x} = \begin{pmatrix} y \\ z \end{pmatrix},\ \boldsymbol{b}(t) = \begin{pmatrix} 0 \\ r(t) \end{pmatrix}$$

とおくと ,(10.9)は

$$\frac{d\boldsymbol{x}}{dt} = A\boldsymbol{x} + \boldsymbol{b}(t) \tag{10.10}$$

と書けるからです．ここで，$r(t) = 0$ の場合，すなわち

$$y'' + py' + qy = 0 \tag{10.11}$$

の解を実際に求めてみましょう．この場合，(10.11)は

$$\frac{d\boldsymbol{x}}{dt} = A\boldsymbol{x}$$

と書くことができますから，この方程式の解は定理10.1から

$$\boldsymbol{x}(t) = e^{tA}\boldsymbol{c} \quad \left(\boldsymbol{x}(t) = \begin{pmatrix} y(t) \\ z(t) \end{pmatrix}\right)$$

となりますから，この $e^{tA}\boldsymbol{c}$ を求めれば(10.11)の一般解 $y(t)$ が求まります．

A の固有多項式を $\phi(\lambda)$ とおくと

$$\phi(\lambda) = \lambda^2 + p\lambda + q$$

です．ここで，固有方程式 $\phi(\lambda) = 0$ の解を α, β としましょう．なお，この方程式は，微分方程式の分野では，微分方程式(10.11)の**特性方程式**と呼ばれています．

(i) $\alpha \neq \beta$ のとき．固有値 α, β に属する固有ベクトル(の1つ)としてそれ

ぞれ $\begin{pmatrix}1\\ \alpha\end{pmatrix}$, $\begin{pmatrix}1\\ \beta\end{pmatrix}$ と選び,

$$P=\begin{pmatrix}1 & 1\\ \alpha & \beta\end{pmatrix},\quad J=\begin{pmatrix}\alpha & 0\\ 0 & \beta\end{pmatrix}$$

とおくと

$$\boldsymbol{x}(t)=e^{tA}\boldsymbol{c}=Pe^{tJ}P^{-1}\boldsymbol{c}.$$

ここで，$P^{-1}\boldsymbol{c}$ を改めて c とおくと

$$\boldsymbol{x}(t)=Pe^{tJ}\boldsymbol{c}$$

となりますから，$\boldsymbol{c}={}^t(c_1\ \ c_2)$ とおくと

$$\boldsymbol{x}(t)=\begin{pmatrix}1 & 1\\ \alpha & \beta\end{pmatrix}\begin{pmatrix}e^{\alpha t} & 0\\ 0 & e^{\beta t}\end{pmatrix}\begin{pmatrix}c_1\\ c_2\end{pmatrix}$$
$$=\begin{pmatrix}c_1e^{\alpha t}+c_2e^{\beta t}\\ c_1\alpha e^{\alpha t}+c_2\beta e^{\beta t}\end{pmatrix}.$$

よって,

$$y(t)=c_1e^{\alpha t}+c_2e^{\beta t}$$

となります.

もし，α, β が複素数で，$\alpha=\lambda+\mu i$, $\beta=\lambda-\mu i$ $(\mu\neq 0)$ の場合は

$$e^{\mu ti}=\cos\mu t+i\sin\mu t$$

ですから,

$$y(t)=e^{\lambda t}(c_1\cos\mu t+c_2\sin\mu t)$$

と書くことができます．もちろん c_1, c_2 は任意定数です.

(ii) $\alpha=\beta$ のとき.

この場合は $P^{-1}AP=\begin{pmatrix}\alpha & 1\\ 0 & \alpha\end{pmatrix}$ となる正則行列 P が存在します．前節の例9.1の(2)と全く同様にして求めると，最終的には解は

$$y(t)=c_1e^{\alpha t}+c_2te^{\alpha t}$$

となります.

以上のことを定理としてまとめておきましょう.

定理 10.2　2 階同次定数係数線形微分方程式

$$y'' + py' + qy = 0$$

の解は，特性方程式 $\phi(\lambda) = \lambda^2 + p\lambda + q = 0$ の解を α, β とすると

(i) $\alpha \neq \beta$ のとき，$y(t) = c_1 e^{\alpha t} + c_2 e^{\beta t}$.

特に，$\alpha = \lambda + \mu i$, $\beta = \lambda - \mu i$ $(\mu \neq 0)$ の場合は

$$y(t) = e^{\lambda t}(c_1 \cos \mu t + c_2 \sin \mu t)$$

(ii) $\alpha = \beta$ のとき，$y(t) = (c_1 + c_2 t)e^{\alpha t}$.

ここに，c_1, c_2 は任意定数.

問 10.3　次の微分方程式を解け.

(1) $y'' - 5y' + 6y = 0$　　(2) $y'' + 10y' + 25y = 0$

(3) $y'' + 6y' + 34y = 0$

第 4 章

グラフ理論への応用

§11 隣接行列，ラプラシアン行列

本章の§11と次節の§12は，グラフ理論への応用の話です．重要で美しい結果がたくさんあります．

ここでは，主にグラフの隣接行列，ラプラシアン行列とそれらの応用についての話をします．

それでは，グラフの定義から話を始めましょう．

11.1 グラフとは

グラフと言うと，折れ線グラフや放物線のグラフ等を想像することでしょうが，グラフ理論でいうグラフとは，大ざっぱな言い方をすれば，図11.1に示してあるような点の集まりと，その点の対を結ぶ辺とからなる図形のことです．

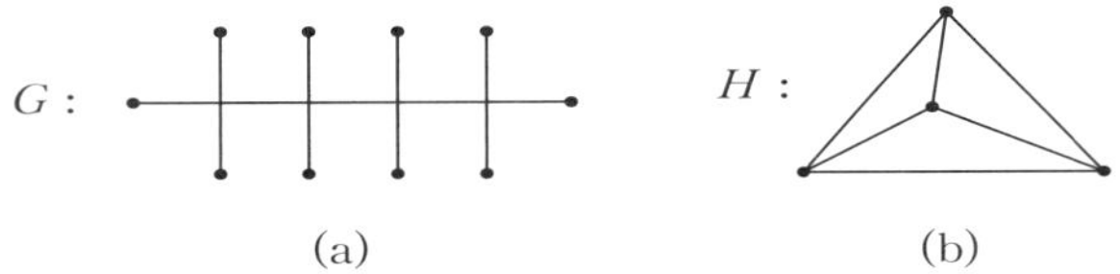

図11.1

それでは，ここで，グラフの定義をきちんと述べましょう．

グラフ (graph) G とは，集合の対 $(V(G), E(G))$ のことです．ここに，$V(G)$ は空集合でなく，$E(G)$ は $V(G)$ の相異なる元の非順序集合のことです．$E(G)$ は空集合でもかまいません．

$V(G)$ をグラフ G の**点集合**あるいは**頂点集合**といい，$V(G)$ の元を**点**あるいは**頂点**と言います．話を簡単にするために，$V(G)$ は有限集合とします．

また，$E(G)$ を G の**辺集合**といい，$E(G)$ の元を G の**辺**と言います．

記述の簡略化を考えて，混乱が生じない場合は $V(G)$，$E(G)$ をそれぞれ V，E で表します．

例えば，図 11.2 のグラフ G では

$$V(G)=\{v_1, v_2, v_3, v_4, v_5\},$$

$$E(G)=\{\{v_1, v_2\},\ \{v_1, v_4\},\ \{v_2, v_3\}, \{v_2, v_4\},\ \{v_3, v_4\},\ \{v_4, v_5\}\}$$

となります．

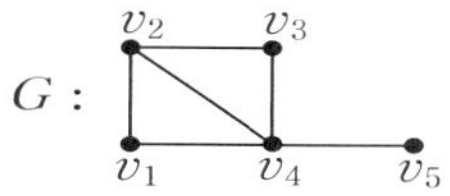

図 11.2

図 11.2 のグラフ G の点に v_1 等と名前が付けられていますが，このようにグラフの点に付けられた名前を，その点の**ラベル**と呼ぶことにします．

グラフ G の辺 e が $e=\{u,v\}$ のとき，辺 e は 2 点 u，v を**結ぶ**といい，辺 e に対して点 u，v は辺 e の**端点**と言います．さらに，辺 e は端点 u，v に**接続している**と言います． 2 点 u，v が辺 e で結ばれているとき，点 u と v は互いに**隣接している**といい，2 辺 e，f が同一の点 u に接続しているとき，辺 e と f は点 u で**隣接している**と言います．今後，$e=\{u,v\}$ を単に $e = uv$ としばしば略記します．

例えば，図 11.2 のグラフ G において，点 v_1 と v_2 は隣接しています．また， $e_1=v_1v_2$，$e_2=v_2v_3$ とすると，辺 e_1 と e_2 は点 v_2 で隣接しています．

(注) 相異なる 2 点を結ぶ 2 本以上の辺を**多重辺**といい，同一の点を結ぶ辺を**ループ**と言います。上記のグラフの定義では，多重辺やループは許しませんが，このような辺を許すと便利な場合があります．

多重辺やループを持つグラフは**多重グラフ** (multigraph) あるいは**擬グラフ** (pseudograph) と呼ばれています．これに対して，多重辺もループも持たな

いグラフは**単純グラフ**と呼ばれています．通常，グラフと言えば単純グラフを意味しますが，グラフ理論等の本を読まれるときには定義に注意して下さい．

グラフ G の点集合の要素の個数を，G の**位数**，辺の本数を G の**サイズ**と言います．

集合 X の要素の個数を $|X|$ で表すならば，$|V(G)|$ が位数で，$|E(G)|$ がサイズです．

例えば，図 11.2 のグラフ G では，$|V(G)|=5$, $|E(G)|=6$ です．

辺がひとつもないグラフを**空グラフ**，1点のみのグラフを**単点**あるいは**単点グラフ**と言います．

グラフ G の点 v に接続する G の辺の本数を v の**次数**(degree) といい，$d_G(v)$ で表します．混乱が生じなければ単に $d(v)$ で表します．

各点の次数がすべて等しいグラフを**正則グラフ**といい，各点の次数が k の正則グラフを $\boldsymbol{k}$**–正則グラフ**と言います．例えば，図 11.1 のグラフ H は3–正則グラフです．ここで，今後必要とする代表的なグラフの例をあげておきましょう．

(1)完全グラフ

位数 p のグラフで，そのどの2点も隣接しているとき，これを位数 p の**完全グラフ**(complte graph)といい，K_p で表します(図 11.3 参照)．

K_5:

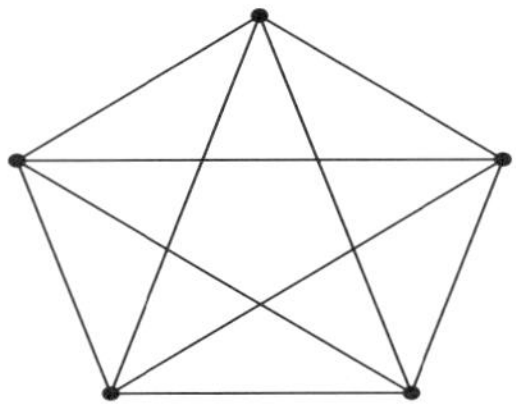

図 11.3

$p=1$ のときは単点グラフです．K_p は $(p-1)$ – 正則グラフで，サイズは $p(p-1)/2$ です．

(2) 完全 2 部グラフ，星グラフ

グラフ G は，その点集合を 2 つの部分集合 V_1, V_2 に分割し，G のどの辺も V_1 内の点と V_2 内の点を結ぶようにできるとき，**2 部グラフ** (bipartite graph) と呼ばれており，V の部分集合 V_1, V_2 をそれぞれ G の**部集合**と言います．

特に，V_1 の各点が V_2 の各点のすべての点と辺で結ばれている 2 部グラフを**完全 2 部グラフ**といい，$K_{m,n}$ あるいは $K(m,n)$ で表します．完全 2 部グラフ $K_{m,n}$ のサイズは mn です．なお，完全 2 部グラフ $K_{1,n}$ は**星グラフ** (star graph) と呼ばれています(図 11.4 参照)．

図 11.4：完全 2 部グラフ $K_{2,3}$ と星グラフ $K_{1,3}$

(3) 歩道，道，閉路

グラフ G の**歩道** (walk) とは，G 内の空でない点と辺が交互に現れる有限列

$$W = v_1 e_1 v_2 e_2 \cdots e_k v_{k+1}$$

のことで，W の項 e_i $(1 \leqq i \leqq k)$ は点 v_i と v_{i+1} を端点として持つ辺です．この際，同じ点や同じ辺が何回現れてもかまいません．

点 v_1, v_k をそれぞれこの歩道 W の**始点**，**終点**と呼び，始点と終点が一致するとき，すなわち，$v_1 = v_{k+1}$ のとき，W は**閉じている**と言います．

すべての点が異なる歩道を**道** (path) といい，閉じている道は**閉路**あるいは

サイクル（cycle）と呼ばれています．歩道，道，閉路の辺の個数は，それぞれそれらの**長さ**といい，長さ 3 の閉路はしばしば **3 角形**と呼ばれています．

図 11.5 のグラフ G で

$$W_1 = v_1 e_1 v_2 e_8 v_3 e_5 v_5 e_4 v_2 e_3 v_4 e_6 v_6$$

は長さ 6 の歩道で道ではありません．

$$W_2 = v_1 e_2 v_3 e_5 v_5 e_7 v_6$$

は長さ 3 の道です．

$$W_3 = v_1 e_2 v_3 e_8 v_2 e_1 v_1$$

は長さ 3 の閉路です．

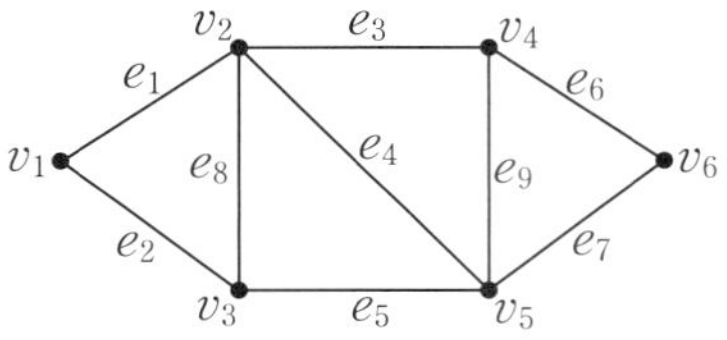

図 11.5

上記の定義に合わせて，点集合 $\{v_1, v_2, \cdots, v_n\}$ と辺集合 $\{v_i, v_{i+1}\}$ $(i = 1, 2, \cdots, n-1)$ からなるグラフを**道グラフ**あるいは**道**といい，P_n $(n \geqq 1)$ で表します．また，P_n に辺 $\{v_n, v_1\}$ を加えたグラフを**閉路グラフ**あるいは単に**閉路**（または**サイクル**）といい C_n $(n \geqq 3)$ で表します．

グラフ G 内の異なる 2 点 u, v に対して，G 内に u–v 道（2 点 u, v を結ぶ道）が存在するとき，u, v は**連結している**といい，G 内のどの 2 点も連結しているとき，G は**連結である**あるいは**連結グラフ**であると言います．単点グラフは連結であると約束します．

連結でないグラフを**非連結である**，あるいは**非連結グラフ**と言います．

非連結グラフは，図 11.6 のグラフ H からわかるように，連結グラフの集まりとみなすことができます．

非連結グラフを構成している各連結グラフを，そのグラフの**連結成分**あるいは**成分**と言います．

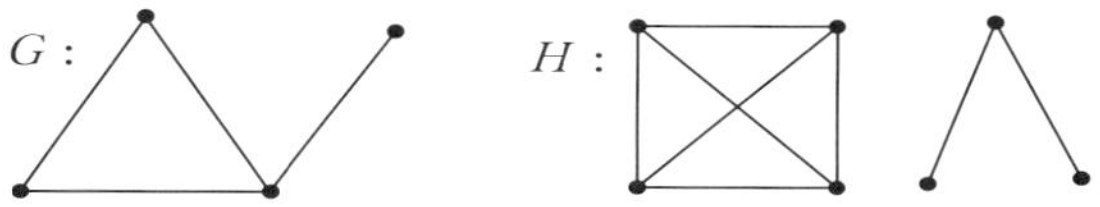

(a) 連結グラフ　　(b) 非連結グラフ

図 11.6

閉路のない連結なグラフを**木** (tree) と言います．図 11.1 のグラフ G は木の一種で，星グラフもそうです．

グラフの定義や術語の話はこの位にして，いよいよ本題すなわちグラフと行列との関係の話に移りましょう．

11.2　隣接行列

グラフは行列の形で表現できます．ある意味では行列論の一分野とみなすことができます．では，隣接行列の定義から話を始めましょう．

G は位数 p のグラフで，$V(G)=\{v_1, v_2, \cdots, v_p\}$ とします．このとき，G の**隣接行列** $A(G)=(a_{ij})$ とは，その成分 a_{ij} が

$$a_{ij}=\begin{cases}1 & v_iv_j\in E(G)\\ 0 & v_iv_j\notin E(G)\end{cases}$$

で定められる $p\times p$ 行列のことです．

混乱の恐れがないときは $A(G)$ を単に A で表します．行列 A は次の性質を持ちます．

(1) A は各成分が 0 か 1 の対称行列

(2) 主対角線の成分はすべて 0

(3) 第 i 行(列)の成分の和は点 v_i の次数に等しい

ここで，例をあげておきましょう．

例 11.1

隣接行列

P_3 :

$$\begin{array}{c} \\ u_1 \\ u_2 \\ u_3 \end{array} \begin{array}{c} \begin{array}{ccc} u_1 & u_2 & u_3 \end{array} \\ \begin{pmatrix} 0 & 0 & 1 \\ 0 & 0 & 1 \\ 1 & 1 & 0 \end{pmatrix} \end{array}$$

K_4 :

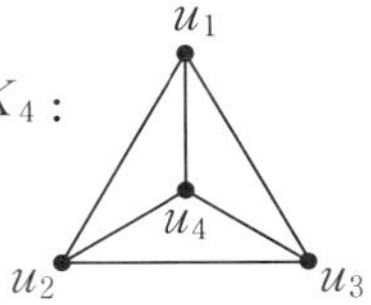

$$\begin{array}{c} \\ u_1 \\ u_2 \\ u_3 \\ u_4 \end{array} \begin{array}{c} \begin{array}{cccc} u_1 & u_2 & u_3 & u_4 \end{array} \\ \begin{pmatrix} 0 & 1 & 1 & 1 \\ 1 & 0 & 1 & 1 \\ 1 & 1 & 0 & 1 \\ 1 & 1 & 1 & 0 \end{pmatrix} \end{array}$$

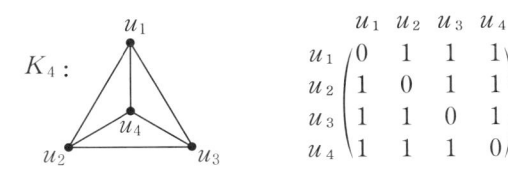

逆に，上記の (1), (2), (3) の条件を満たしていれば，それを隣接行列とするグラフを描くことができます．

問 11.1　完全グラフ K_5 と完全 2 部グラフ $K_{2,3}$ の隣接行列を求めよ．

問 11.2　次のような隣接行列 A を持つ連結グラフを求めよ．

(1) $A = \begin{pmatrix} 0 & 1 & 1 & 1 & 1 \\ 1 & 0 & 0 & 0 & 0 \\ 1 & 0 & 0 & 0 & 0 \\ 1 & 0 & 0 & 0 & 0 \\ 1 & 0 & 0 & 0 & 0 \end{pmatrix}$　　(2) $A = \begin{pmatrix} 0 & 1 & 0 & 0 & 1 \\ 1 & 0 & 1 & 0 & 0 \\ 0 & 1 & 0 & 1 & 0 \\ 0 & 0 & 1 & 0 & 1 \\ 1 & 0 & 0 & 1 & 0 \end{pmatrix}$

隣接行列 A を n 乗することは何を意味するのでしょうか．

例 11.1 の完全グラフ K_4 の隣接行列 A を 2 乗すると次のようになります．

$$A^2 = \begin{pmatrix} 3 & 2 & 2 & 2 \\ 2 & 3 & 2 & 2 \\ 2 & 2 & 3 & 2 \\ 2 & 2 & 2 & 3 \end{pmatrix}$$

この A^2 の成分の意味について考えてみましょう．そこで，u, v をグラフの点とします．このとき，A の (u, v) 成分を a_{uv} で表し，A^2 の成分を $a^{(2)}{}_{uv}$ で表すことにします．また，u, v 以外の点を w とします．

A の定義から $a_{uw}a_{wv}$ は 1 か 0 で，1 となるのは $uw \in E$ かつ $wv \in E$ のときです．

$A^2 = A \cdot A$ ですから

$$a^{(2)}{}_{uv} = \sum_{w=1}^{4} a_{uw} a_{wv} = |\{w \mid uw \in E \text{ かつ } wv \in E\}|$$

となります．

このことは，A^2 の (u, v) 成分は，$uw \in E$ かつ $wv \in E$ となるグラフの点 w の数に等しいことを意味しています．

このことを利用して，A^2 の $(1, 1)$ 成分を求めてみましょう．上記の条件を満たすのは，例 11.1 のグラフ K_4 の図から分るように

$$u_1 - u_2 - u_1,\ u_1 - u_3 - u_1,\ u_1 - u_4 - u_1$$

の 3 通りしかないので，A^2 の $(1, 1)$ 成分は 3 となります．これは，長さが 2 の相異なる $u_1 - u_1$ 歩道の個数にほかなりません

A^2 の $(2, 4)$ 成分は，同様にして長さ 2 の相異なる $u_2 - u_4$ 歩道の個数に一致するはずですから，2 となります．もちろん，これらは A^2 を直接計算した結果と一致しています．

一般には次の定理が成り立つことは，容易に想像がつくでしょう．

定理 11.1　$V(G) = \{v_1, v_2, \cdots, v_p\}$ であるグラフ G の隣接行列を A とする．このとき，$A^n (n \geqq 1)$ の (i, j) 成分は グラフ G における長さ n の相異なる $v_i - v_j$ 歩道の個数である

証明　n に関する数学的帰納法で証明する．長さ 1 の $v_i - v_j$ 歩道が存在することと $v_i v_j \in E$ であることは同値であるから，$n = 1$ のときは明らかに定理は成り立つ．

$A^{n-1} = (a_{ij}{}^{(n-1)})$ とし，$a_{ij}{}^{(n-1)}$ は G における長さ $n-1$ の $v_i - v_j$ 歩道の個数と仮定する．

いま，$A^n=(a_{ij}{}^{(n)})$ とする．$A^n=A^{n-1}A$ なので

$$a_{ij}{}^{(n)}=a_{i1}{}^{(n-1)}a_{1j}+a_{i2}{}^{(n-1)}a_{2j}+\cdots+a_{ik}{}^{(n-1)}a_{kj}+\cdots+a_{ip}{}^{(n-1)}a_{pj} \qquad (11.1)$$

が成り立つ．

$v_kv_j\in E$ とすると，長さ n の各 v_i-v_j 歩道は長さ $n-1$ の v_i-v_k 歩道に辺 v_kv_j で点 v_j をつないで得られる．したがって，帰納法の仮定と式(11.1)から，求める結果が得られる．

系 11.1　$V(G)=\{v_1, v_2, \cdots, v_p\}$ であるグラフ G の隣接行列を A の n 乗 $A^n=(a_{ij}{}^{(n)})$ とするとき，次が成り立つ．

(1) $a_{ij}{}^{(2)}$ $(i\neq j)$ は長さ 2 の v_i-v_j 道の個数である

(2) $a_{ii}{}^{(2)}=d_G(v_i)$

(3) $\dfrac{1}{6}\mathrm{tr}(A^3)$ は G の 3 角形の個数である

証明　(1), (2) は定理 11.1 から明らかなので，(3) のみを示す．

例えば，$a_{11}{}^{(3)}$ は長さ 3 の異なる v_1-v_1 歩道の個数である．もし，仮に，3点 $\{v_1, v_2, v_3\}$ が 1 つの 3 角形の頂点であるとすると

$$v_1-v_2-v_3-v_1, \quad v_1-v_3-v_2-v_1$$

という 2 つの歩道がある．v_2 と v_3 についても同様なことが言える．

よって，G が 3 角形を持つとすれば，$a_{ii}{}^{(3)}$ の値は v_i を頂点に持つ 3 角形の個数の 2 倍になっているから，G に含まれる 3 角形の個数は $\mathrm{tr}(A^3)/6$ であることがわかる．

問 11.3　隣接行列を用いて，次のグラフの 3 角形の個数を求めよ．

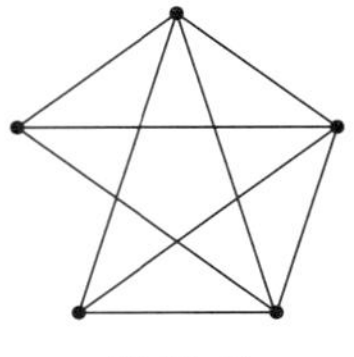

図 11.7

次に，もう1つグラフを研究するのに有用な行列を紹介し，本節の話を閉じることにします．

11.3 ラプラシアン行列

最初に次数行列を定義します．

$V(G)=\{v_1, v_2, \cdots, v_p\}$ であるグラフ G に対して，**次数行列** $C=(c_{ij})$ とは $p\times p$ 行列で，$c_{ii}=d_G(v_i)$，$c_{ij}=0$ $(i\neq j)$ で定められる対角行列です．また，このとき，

$$L(G)=C(G)-A(G) \tag{11.2}$$

で定められる $p\times p$ 行列をグラフ G の**ラプラシアン行列** (Laplacian matrix) あるいは**ラプラシアン** (Laplacian) と言います．ここに，$A(G)$ はもちろん隣接行列です．

混乱の恐れがないときは，(11.2)を $L=C-A$ と略記します．

例えば，完全グラフ K_4 のラプラシアンは

$$L(K_4)=\begin{pmatrix} 3 & -1 & -1 & -1 \\ -1 & 3 & -1 & -1 \\ -1 & -1 & 3 & -1 \\ -1 & -1 & -1 & 3 \end{pmatrix} \tag{11.3}$$

となります．

ラプラシアン行列もグラフの構造や不変数を調べるのに重要な役割を果たします．

ここでは，1つの応用例を与えておきましょう．

グラフ H がグラフ G の部分グラフとは，H が

$$V(H)\subseteq V(G) \text{ かつ } E(H)\subseteq E(G)$$

を満たすことです．この関係を $H\subseteq G$ で表します．特に $V(H)=V(G)$ のとき，H を G の**全域部分グラフ**と言います(図11.8参照)

G の全域部分グラフ

図 11.8

全域部分グラフのうち，木であるものを**全域木**と言います．ここで，また定義を与えます．

2 つのグラフ G と H に関して

$$V(H) = V(G) \text{ かつ } E(H) = E(G)$$

であるとき，G と H は**同等である**といい，$G = H$ と書きます．

位数 4 の同等でない木は 16 個あります (図 11.9 参照).

表現をスムーズにするために「同等でない木」のことを以下「**異なる木**」と言うことにします．

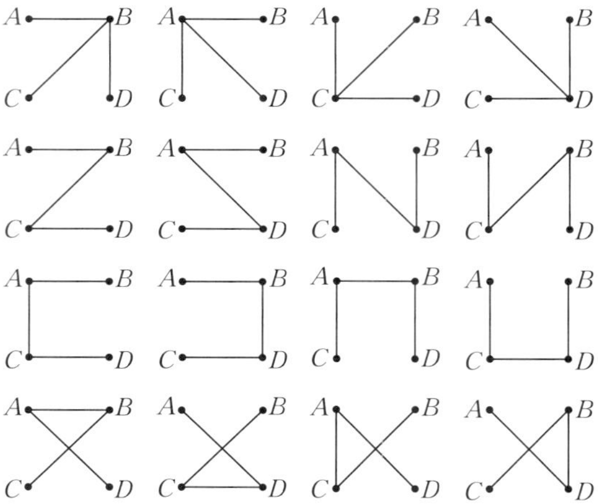

図 11.9　位数 4 の異なる木

ここで位数 p の異なる木の個数を求めることを考えてみましょう．

上記の 16 個の異なる木は，実は，図 11.9 のように A, B, C, D とラベル付けた 4 つの点を頂点とする完全グラフ K_4 の全域木になっています．

したがって，位数 p の異なる木の個数を求めることは位数 p のラベル付き

の完全グラフ K_p の全域木を求めればよいことになります．

ラベル付きのグラフ G の全域木の個数については次の定理が知られています．

定理 11.2（行列－木定理）　グラフ G はラベル付きグラフとする．このとき，G のラプラシアン行列 $L=C-A$ の余因子はすべて等しく，その値は同等でない全域木の個数に等しい．

例えば，完全グラフ K_4 のラプラシアン行列の第 (1, 1) 成分の余因子を Δ_{11} で表すと，(11.3) から

$$\Delta_{11}=\begin{vmatrix} 3 & -1 & -1 \\ -1 & 3 & -1 \\ -1 & -1 & 3 \end{vmatrix}=16$$

となります．もちろん，これは図 11.9 の異なる木の個数に一致しています．

定理 11.2 から，ただちに位数 p の異なる木の個数が得られます．

系 11.2　位数 p の異なる木の個数は p^{p-2} である．

証明　ラプラシアン行列の定義から

$$L(K_p)=\begin{pmatrix} p-1 & -1 & \cdots & -1 \\ -1 & p-1 & \cdots & -1 \\ \cdots & \cdots & \cdots & \cdots \\ \cdots & \cdots & \cdots & \cdots \\ -1 & \cdots & \cdots & p-1 \end{pmatrix}$$

となる．ゆえに，その余因子 Δ_{11} は $(p-1)$ 次の行列式で

$$\Delta_{11}=\begin{vmatrix} p-1 & -1 & \cdots & -1 \\ -1 & p-1 & \cdots & -1 \\ \cdots & \cdots & \cdots & \cdots \\ -1 & \cdots & \cdots & p-1 \end{vmatrix}$$

である．よって，求める木の個数は p^{p-2} である．

次節では，隣接行列およびラプラシアン行列の固有値に関する話をします．

§12 グラフの固有値

本書の最後の話は，グラフの隣接行列やラプラシアン行列の固有値に関する話です．線形代数の応用を楽しむことができます．

12.1 グラフの固有値

位数 p のグラフ **G の固有値**とは，G の隣接行列の固有値のことです（グラフや隣接行列の定義等に関しては §11 を参照して下さい）．すなわち，G の隣接行列を A とするとき，G の固有値は，次の λ に関する方程式の p 個の解のことです．

$$\det(\lambda I_p - A) = 0$$

ここに，$\det A$ は行列 A の行列式を意味し，I_p は $p \times p$ 単位行列を意味します（なお，いままでは単位行列を E で表しましたが，ここでは辺集合との混乱を避けるため I を用いることにします）．

λ に関する多項式 $\det(\lambda I_p - A)$ は G の**固有多項式**あるいは G の**特性多項式**といい，$\Phi(G;\lambda)$ で表します．

グラフの異なるラベル付けに対して，互いに相似な隣接行列が得られますから，固有値はラベル付けによらず不変です．隣接行列の定義から

$$\Phi(G;\lambda) = \sum_{k=0}^{p} a_k \lambda^{p-k}$$

と表されているとすると，明らかに $a_0 = 1$ でその他のすべての a_i $(1 \leqq i \leqq p)$ は整数です．ここで，具体例をあげておきましょう．

例 12.1

隣接行列

P_3 : 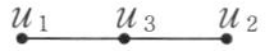

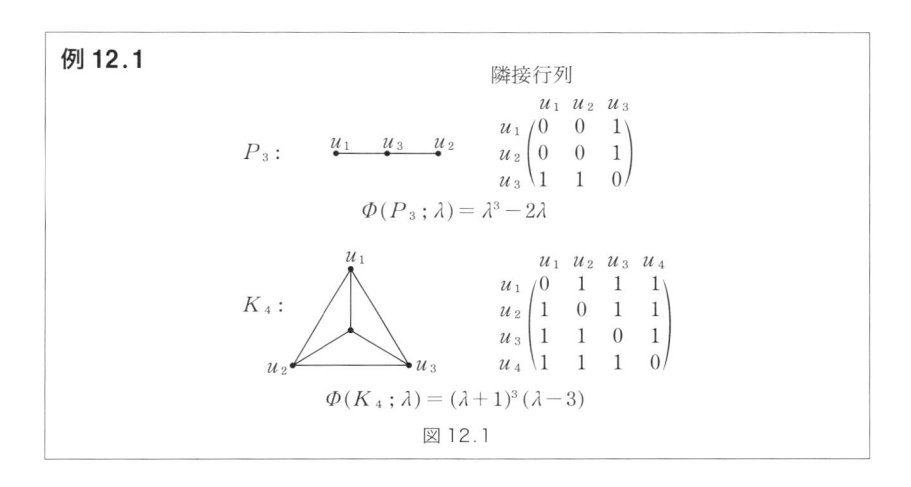

$$\begin{array}{c} \\ u_1 \\ u_2 \\ u_3 \end{array}\begin{array}{c} \begin{array}{ccc} u_1 & u_2 & u_3 \end{array} \\ \begin{pmatrix} 0 & 0 & 1 \\ 0 & 0 & 1 \\ 1 & 1 & 0 \end{pmatrix} \end{array}$$

$$\Phi(P_3;\lambda)=\lambda^3-2\lambda$$

K_4 : 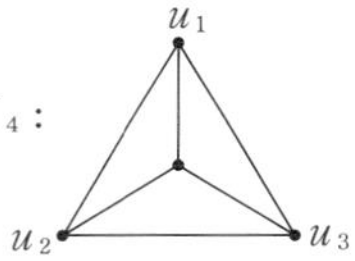

$$\begin{array}{c} \\ u_1 \\ u_2 \\ u_3 \\ u_4 \end{array}\begin{array}{c} \begin{array}{cccc} u_1 & u_2 & u_3 & u_4 \end{array} \\ \begin{pmatrix} 0 & 1 & 1 & 1 \\ 1 & 0 & 1 & 1 \\ 1 & 1 & 0 & 1 \\ 1 & 1 & 1 & 0 \end{pmatrix} \end{array}$$

$$\Phi(K_4;\lambda)=(\lambda+1)^3(\lambda-3)$$

図 12.1

グラフ G の固有値を $\lambda_1, \lambda_2, \cdots, \lambda_k$ $(\lambda_1>\lambda_2>\lambda_k)$ とし，それらの重複度をそれぞれ $m(\lambda_1), m(\lambda_2), \cdots, m(\lambda_k)$ とします．このとき，それを

$$\mathrm{Spec}(G)=\begin{pmatrix} \lambda_1 & \lambda_2 & \cdots & \lambda_k \\ m(\lambda_1) & m(\lambda_2) & \cdots & m(\lambda_k) \end{pmatrix}$$

で表し，G の**スペクトル**(spectrum of G) あるいは**スペクトラム**と言います．例えば，例 12.1 から

$$\mathrm{Spec}(P_3)=\begin{pmatrix} \sqrt{2} & 0 & -\sqrt{2} \\ 1 & 1 & 1 \end{pmatrix},$$

$$\mathrm{Spec}(K_3)=\begin{pmatrix} 3 & -1 \\ 1 & 3 \end{pmatrix}$$

となります．

問 12.1 次のグラフのスペクトルを求めよ．

(1) 完全 2 部グラフ $K_{2,2}$　　　(2) 完全グラフ K_5

12.2　グラフの固有値の性質

道グラフ P_3 の固有値の和は 0 になっています．完全グラフ K_4 の固有値の和も $3\times1+(-1)\times3$ からやはり 0 になります．このことは一般にも成り立ちます．

定理 12.1　グラフ G の固有値はすべて実数であり，その和は零である．

証明　グラフ G の隣接行列は対称行列であるから，固有値はすべて実数である．

次に，G の位数を p とし，隣接行列を $A=(a_{ij})$，G の固有値を $\lambda_1, \lambda_2, \cdots, \lambda_p$ とする．このとき，

$$\begin{aligned}\Phi(G;\lambda) &= \det(\lambda I_p - A)\\ &= (\lambda-\lambda_1)(\lambda-\lambda_2)\cdots(\lambda-\lambda_p)\end{aligned}$$

と書くことができる．ここで，λ^{p-1} の係数を比較すれば

$$a_{11}+a_{22}+\cdots+a_{pp}=\lambda_1+\lambda_2+\cdots+\lambda_p$$

を得る．

一方，A の対角成分 a_{ii} はすべて 0 である．よって，固有値の和は 0 となる．

次にグラフ G の最大次数と固有値の関係を調べてみましょう．

ところで，G が非連結なグラフで，例えば 2 つの成分 G_1, G_2 を持つとしましょう．そして，それらの隣接行列をそれぞれ A_1, A_2 とし，G の隣接行列を A としましょう．

このとき，A は

$$A=\begin{pmatrix} A_1 & O \\ O & A_2 \end{pmatrix}$$

と表すことができます．このことから，ただちに

$$\Phi(G\,;\lambda)=\Phi(G_1\,;\lambda)\Phi(G_2\,;\lambda)$$

が得られます．

このことは，G が非連結ならば，G のスペクトルは G の成分のスペクトルの和集合であることを意味しています．

したがって，グラフのスペクトルを考えるときは，本質的には連結グラフの場合を考えればよいことになります．そのようなわけで，今後，グラフは連結とします．

定理 12.2　G は位数 p の連結グラフとし，Δ は G の最大次数とする．このとき，G の任意の固有値 λ に対して

$$|\lambda|\leqq\Delta$$

が成り立つ．

証明　$A=(a_{ij})$ は G の隣接行列で，$\boldsymbol{x}={}^t(x_1\ x_2\cdots\ x_p)$ は G の固有値 λ に属する固有ベクトルとする．

ベクトル $\boldsymbol{x}$ の成分のうち，絶対値の最大ものを x_k とおく．ベクトル $\boldsymbol{x}$ は固有値 λ に属する固有ベクトルであるから，そのスカラー倍も λ に属する固有ベクトルである．ゆえに，$x_k=1$ としても一般性は失われない．

$$A\boldsymbol{x}=\lambda\boldsymbol{x}$$

から

$$\lambda x_k=a_{k1}x_1+a_{k2}x_2+\cdots+a_{kp}x_p$$

を得る．$|x_i|\leqq x_k=1\ \ (1\leqq i\leqq p)$ から

$$|\lambda|=|\lambda x_k|=\left|\sum_{i=1}^{p}a_{ki}x_i\right|\leqq\sum_{i=1}^{p}a_{ki}|x_i|\leqq\sum_{i=1}^{p}a_{ki}$$
$$=\deg(v_k)\leqq\Delta.$$

ゆえに，$|\lambda|\leqq\Delta$ が得られる．

定理 12.2 で等号を成立させるグラフについては，次のことが知られています．

定理 12.3　G は位数 p の連結グラフとし，Δ は G の最大次数とする．このとき，G が正則グラフであるための必要十分条件は，G が Δ を固有値に持つことである．

証明　ベクトル $\boldsymbol{x} = {}^t(x_1\ x_2\ \cdots\ x_p)$ は固有値 Δ に属する固有ベクトルとする．$\boldsymbol{x}$ の成分のうち，絶対値の最大ものを x_k とおく．
定理 12.2 の証明と同じ理由で，$x_k = 1$ としても一般性は失われない．

ベクトル $\boldsymbol{x} = {}^t(x_1\ x_2\ \cdots\ x_p)$ は固有値 Δ に属する固有ベクトルから，

$$a_{k1}x_1 + a_{k2}x_2 + \cdots + a_{kp}x_p = \Delta x_k = \Delta \tag{12.1}$$

が成り立つ．$|x_i| \leqq x_k = 1\ \ (1 \leqq i \leqq p)$ であるから

$$\Delta = \Delta x_k \leqq \sum_{i=1}^{p} a_{ki}|x_i| \leqq \sum_{i=1}^{p} a_{ki} = \deg(v_k) \leqq \Delta.$$

よって，$\deg(v_k) = \Delta$ を得る．

次に，$v_k v_m \in E$ とする．このとき，$\deg(v_k) = \Delta$ であるから，v_k は Δ 個の点と隣接しており，v_m はその中の 1 点である．ゆえに，$|x_i| \leqq x_k = 1$ であることと (12.1) から，$x_m = x_k = 1$ を得る．よって，$\deg(v_m) = \Delta$ が得られる．v_m が v_n と隣接していれば $x_n = x_m = 1$ となり，やはり，$\deg(v_n) = \Delta$ を得ることができる．

以下，順番に続けていけば，G は連結だから，最終的には，すべての $i\ (1 \leqq i \leqq p)$ に対して $x_i = 1$ かつ $d(v_i) = \Delta$ となる．したがって，G は Δ－正則グラフである．次に，逆を示そう．

G は Δ－正則グラフとする．いま，$\boldsymbol{x} = {}^t(1\ 1\ \cdots\ 1)$ とすると，明らかに，$A\boldsymbol{x} = \Delta\boldsymbol{x}$ となる．したがって，Δ は G の固有値である．これで，証明は完了した．

12.3　完全グラフ，完全 2 部グラフのスペクトル

ここで，完全グラフ K_p，完全 2 部グラフ $K_{r,s}$ の固有値を求めてみましょう．

(1) 完全グラフのスペクトル

完全グラフの固有多項式は

$$\Phi(K_p;\lambda)=\begin{vmatrix} \lambda & -1 & \cdots & -1 \\ -1 & \lambda & \cdots & -1 \\ \cdots & \cdots & \cdots & \cdots \\ -1 & \cdots & \cdots & \lambda \end{vmatrix}$$

です．ここで，よく知られている n 次行列式に関する等式

$$\begin{vmatrix} x & a & \cdots & a \\ a & x & \cdots & a \\ \cdots & \cdots & \cdots & \cdots \\ a & a & \cdots & x \end{vmatrix}=(x+(n-1)a)(x-a)^{n-1}$$

を利用すれば，ただちに

$$\mathrm{Spec}(K_p)=\begin{pmatrix} p-1 & -1 \\ 1 & p-1 \end{pmatrix} \tag{12.2}$$

が得られます．

(2) 完全 2 部グラフのスペクトル

完全 2 部グラフ $K_{r,s}$ の隣接行列 A は

$$A=\begin{pmatrix} O & J_{rs} \\ {}^tJ_{rs} & O \end{pmatrix}$$

と書くことができます．ここに，J_{rs} はすべての成分が 1 の $r\times s$ 行列です．このとき，

$$\Phi(K_{r+s};\lambda)=\det(\lambda I_{r+s}-A)$$

となります．ここで，この行列式の第 2, 3, …, r 行から第 1 行を引き，第 $r+2$, $r+3$, …, $r+s$ 行から第 $r+1$ 行を引きます．次に，第 2, 3, …, r 行と第 $r+2$, $r+3$, …, $r+s$ 行から λ を行列式の外にくくり出すと

$$\Phi(K_{r+s};\lambda)=\lambda^{r+s-2}\det F(\lambda)$$

の形になります．ここに，$F(\lambda)$ は λ を含む $(r+s)\times(r+s)$ 行列です．
よって，$r+s-2$ 個の固有値は 0 であることがわかります．

ところで，定理 12.1 から固有値の和は 0 ですから，残りの 2 つの固有値は γ, $-\gamma$ の形をしていなければなりません．

さて，K_{r+s} の固有値を 0, 0, ⋯, 0, γ, $-\gamma$ とすると，フロベニウスの定理から，0, 0, ⋯, 0, γ^2, $(-\gamma)^2$ は A^2 の固有値になります．定理 12.1 の証明と全く同様にして，$A^2=(a_{ij}{}^{(2)})$ とおくと

$$a_{11}{}^{(2)}+a_{22}{}^{(2)}+\cdots+a_{r+s}{}^{(2)}=\gamma^2+(-\gamma)^2$$

が得られます．ところで，系 11.1 から

$$a_{11}{}^{(2)}+a_{22}{}^{(2)}+\cdots+a_{r+s}{}^{(2)}=d(v_1)+d(v_2)+\cdots+d(v_{r+s})=2|E(G)|$$

が成り立ちますから，

$$\gamma^2+(-\gamma)^2=2rs$$

が得られ，$\gamma=\pm\sqrt{rs}$ となります．ゆえに，

$$\mathrm{Spec}(K_{r,s})=\begin{pmatrix}\sqrt{rs} & 0 & -\sqrt{rs}\\ 1 & r+s-2 & 1\end{pmatrix} \qquad (12.3)$$

となります．

紙面の関係上，詳しい説明は省略しますが，巡回行列式を利用すれば，閉路グラフ C_p ($p\geqq 3$) のスペクトルを求めることができます．結果は次の通りです．

$$\mathrm{Spec}(C_p)=\begin{pmatrix}2 & 2\cos\dfrac{2\pi}{p} & \cdots & 2\cos\dfrac{2(p-1)\pi}{p}\\ 1 & 1 & \cdots & 1\end{pmatrix} \qquad (12.4)$$

次に，固有値に関する簡単な応用例を紹介します．

12.4　固有値と閉歩道の個数

定理 12.4　位数 p のグラフ G の固有値を λ_1, λ_2, ⋯, λ_p とし，長さ k の閉歩道の個数を c とすると，

$$c=\sum_{i=1}^{p}\lambda_i{}^k$$

である．

証明　$A^k=(a_{ij}{}^{(k)})$ の $(i,\ i)$ 成分は，定理 11.1 から，点 v_i を含む長さ k の相異なる閉歩道の個数であることがわかる．したがって，$\mathrm{tr}(A^k)=\sum_{i=1}^{p} a_{ii}{}^{(k)}$ は G における長さ k の閉歩道の個数の総数である．

一方，$\mathrm{tr}(A^k)$ は A^k の固有値の和に等しい．A^k の固有値は，フロベニウスの定理より，$\lambda_1{}^k,\ \lambda_2{}^k,\ \cdots,\ \lambda_p{}^k$ であるから

$$c=\mathrm{tr}(A^k)=\sum_{i=1}^{p}\lambda_i{}^k$$

を得る．

例えば，$K_{2,3}$ の長さ 4 の閉歩道の個数の総数は

$$(\sqrt{6})^4+(-\sqrt{6})^4=72$$

です．グラフ $K_{2,3}$ の図 12.2 から，直接求めることは困難でしょう．

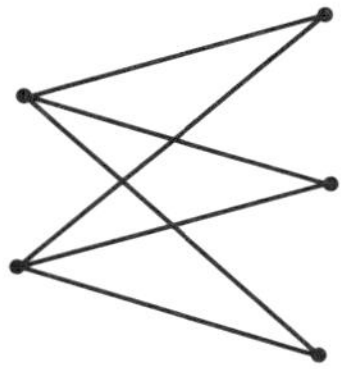

図 12.2

隣接行列の固有値に関する話はこのくらいにして，ラプラシアン行列の固有値の話に移りましょう．

12.5　ラプラシアン行列の固有値

G を位数 p のグラフとします．ここで，ラプラシアン行列の定義を復習をしておきましょう．

$A(G)$，$C(G)$ をそれぞれ G の隣接行列，次数行列としたとき，$p\times p$ 行列

$$L(G) = C(G) - A(G) \tag{12.5}$$

を G のラプラシアン行列あるいは単にラプラシアンと言います．なお，次数行列 $C = (c_{ij})$ とは $p \times p$ 行列で，$c_{ii} = d_G(v_i)$，$c_{ij} = 0$ $(i \neq j)$ で定められる対角行列です．

また，混乱の恐れがないときは，(12.5)を $L = C - A$ と略記します．

ラプラシアン行列(12.5)の固有多項式 $\det(\lambda I_p - L(G))$ を $\Phi(L(G);\lambda)$ で表します．

ラプラシアン行列は対称行列ですから，固有値はすべて実数です．ここで，ラプラシアン行列の固有値のことを，単に**ラプラシアン固有値**と言うことにします．

ラプラシアン固有値を μ_1, μ_2, $\cdots$, μ_k $(\mu_1 < \mu_2 < \cdots < \mu_k)$ とし，それらの重複度をそれぞれ $m(\mu_1)$, $m(\mu_2)$, $\cdots$, $m(\mu_k)$ とします．このとき，それらを

$$\mathrm{Spec}(L(G)) = \begin{pmatrix} \mu_1 & \mu_2 & \cdots & \mu_k \\ m(\mu_1) & m(\mu_2) & \cdots & m(\mu_k) \end{pmatrix} \tag{12.6}$$

で表し，グラフ G の**ラプラシアンスペクトル**と呼ぶことにします．

例えば完全グラフ K_4，閉路グラフ C_4，完全2部グラフ $K_{2,3}$ のラプラシアンスペクトルは次のようになります．

$$\mathrm{Spec}(L(K_4)) = \begin{pmatrix} 0 & 4 \\ 1 & 3 \end{pmatrix}, \quad \mathrm{Spec}(L(C_4)) = \begin{pmatrix} 0 & 2 & 4 \\ 1 & 2 & 1 \end{pmatrix},$$

$$\mathrm{Spec}(L(K_{2,3})) = \begin{pmatrix} 0 & 2 & 3 & 5 \\ 1 & 2 & 1 & 1 \end{pmatrix}.$$

上記の例から，ラプラシアン行列は「常に0を固有値に持ち，その他の固有値は正なのではないか」という予想が立ちます．

実は，この予想は正しく，位数 p のグラフ G のラプラシアン行列の任意の固有値を μ とすると

$$0 \leqq \mu \leqq p \tag{12.7}$$

が成り立ちます．

これからの目標は(12.7)示すことです．そのために，少々準備をします．

G を位数 p の k– 正則グラフとします．このとき，$C=kI_p$ ですから，

$$L(G)=kI_p-A(G)$$

となります．いま，$A(G)$ の任意の固有値を λ とすると，$k-\lambda$ は $L(G)$ の固有値になります．したがって，$A(G)$ の固有値を

$$\lambda_1 \geqq \lambda_2 \geqq \cdots \geqq \lambda_p$$

とし，$L(G)$ の固有値を

$$\mu_1 \leqq \mu_2 \leqq \cdots \leqq \mu_p$$

とすると，

$$\mu_i=k-\lambda_i \quad (i=1,2,\cdots,p) \tag{12.8}$$

が成り立ちます．このことと，(12.2) から

$$\mathrm{Spec}(L(K_p))=\begin{pmatrix} 0 & p \\ 1 & p-1 \end{pmatrix} \tag{12.9}$$

が得られます．(12.7) を証明するのに，利用します．

さらに準備が必要となります．そのために，2 つほどグラフに関する定義を与えます． 以後，特に断らない限り，グラフ G の位数は p でサイズは q とします．

グラフ G の**補グラフ** $\overline{G}$ とは，$V(G)=V(\overline{G})$ で，$\overline{G}$ の 2 点は G 内で隣接していないとき，かつその時に限り隣接しているグラフのことです (図 12.3 参照)．

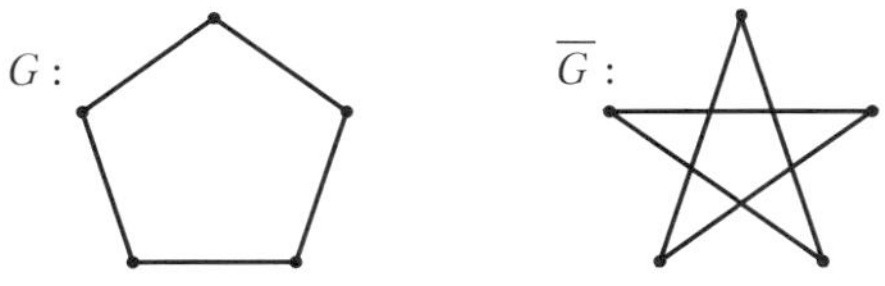

図 12.3

このとき，明らかに

$$L(G)+L(\overline{G})=L(K_p) \tag{12.10}$$

が成り立ちます．このことも利用します．

次に，辺 $e_j=\{v_i,\ v_k\}$ のとき，$v_i,\ v_k$ のどちらか一方を辺 e_j の正の端点，他方を負の端点と呼ぶことにします．このとき，G は向き付けられたと言います．

この向き付けで定義される接続行列とは，次のように定義される $p\times q$ 行列 $Q(G)=Q=(q_{ij})$ のことです．

$$q_{ij}=\begin{cases}1 & (v_i\text{ は }e_j\text{ の正の端点})\\ -1 & (v_j\text{ は }e_j\text{ の負の端点})\\ 0 & (\text{その他})\end{cases}$$

例えば，図 12.4 のグラフでは，矢印の先端の方向にある点を正の端点，他方を負の端点とします．このように向き付けされたグラフの接続行列は，グラフの図の右側に示してあるような行列です．

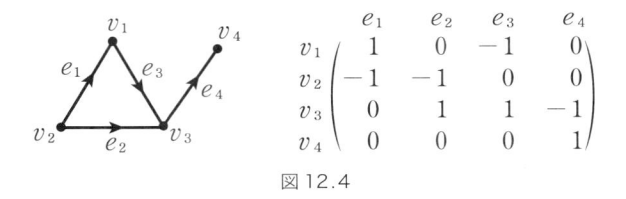

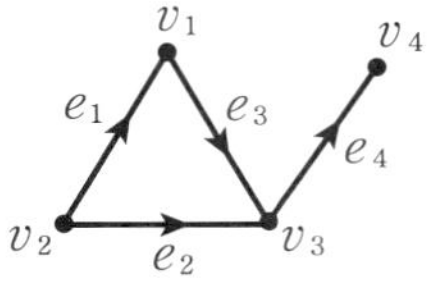

$$\begin{array}{c} \\ v_1\\ v_2\\ v_3\\ v_4\end{array}\begin{array}{c}\begin{array}{cccc} e_1 & e_2 & e_3 & e_4\end{array}\\ \begin{pmatrix}1 & 0 & -1 & 0\\ -1 & -1 & 0 & 0\\ 0 & 1 & 1 & -1\\ 0 & 0 & 0 & 1\end{pmatrix}\end{array}$$

図 12.4

この接続行列 Q を用いて L を表すことができます．

補題 12.1　$L(G)=Q\,{}^tQ$，ここに，${}^tQ$ は Q の転置行列．

証明　Q における 2 つの異なる行が，同じ列で両方とも零でない成分を持つための必要十分条件は 2 つの点を結ぶ辺が存在することである．その対応する成分は，一方が 1 ならば，他方は -1 となる．ゆえに，積は -1 である．このことから，求める結果が得られる．

以上で，(12. 7)を証明するための準備が整いました．ここで，(12. 7)を定理として再度述べておきます．

定理 12.5　位数 p のグラフ G のラプラシアン行列 L の任意の固有値を μ とすると

$$0 \leqq \mu \leqq p$$

が成り立つ.

証明　ベクトル $\boldsymbol{x}$ の大きさ(ノルム)を $|\boldsymbol{x}|$ で表す. このとき, μ は L の固有値であるから, $|\boldsymbol{x}|=1$ かつ $L\boldsymbol{x}=\mu\boldsymbol{x}$ を満たす固有ベクトルが存在する. ここで, 補題 12.1 から $L(G)=Q\,{}^tQ$ であることに注意すれば,

$$\mu=(\mu\boldsymbol{x},\ \boldsymbol{x})=(L\boldsymbol{x},\ \boldsymbol{x})=(Q\,{}^tQ,\ \boldsymbol{x})=|{}^tQ\boldsymbol{x}|^2\geqq 0.$$

ゆえに, $\mu\geqq 0$ である.

次に $\mu\leqq p$ を示そう. G は位数 p のグラフであるから

$$L(G)+L(\overline{G})=L(K_p)$$

が成り立つ. いま, $\boldsymbol{j}$ をすべての成分が 1 であるベクトルとすると

$$L(G)\boldsymbol{j}=L(\overline{G})\boldsymbol{j}=L(K_p)\boldsymbol{j}=\boldsymbol{0}$$

となる. このことは, $\boldsymbol{j}$ が $L(G)$, $L(\overline{G})$, $L(K_p)$ の固有値 0 に属する固有ベクトルであることを示している.

$L(G)$ は対称行列であるから, μ を $L(G)$ の任意の固有値とすると, $L\boldsymbol{x}=\mu\boldsymbol{x}$ を満たす $\boldsymbol{j}$ に垂直な固有ベクトル $\boldsymbol{x}$ が存在する. よって, (12.10) と (12.9) から,

$$L(\overline{G})\boldsymbol{x}=L(K_p)\boldsymbol{x}-L(G)\boldsymbol{x}=p\boldsymbol{x}-\mu\boldsymbol{x}=(p-\mu)\boldsymbol{x}$$

を得る. 前半の結果から, $L(\overline{G})$ の固有値はは非負だから, $p-\mu\geqq 0$ を得る. これで, 証明は完了した.

次に, ラプラシアン固有値の応用例を 1 つ紹介しましょう.

12.6　ラプラシアン固有値と完全マッチング

マッチングという言葉の説明から始めます. グラフ G の辺 e と f が隣接し

ていないとき，辺 e と f は**独立**であると言います．

例えば図 12.5 の完全グラフ K_4 の図で，辺 e_1 と e_6 は独立ですが，辺 e_1 と辺 e_4 は独立ではありません．

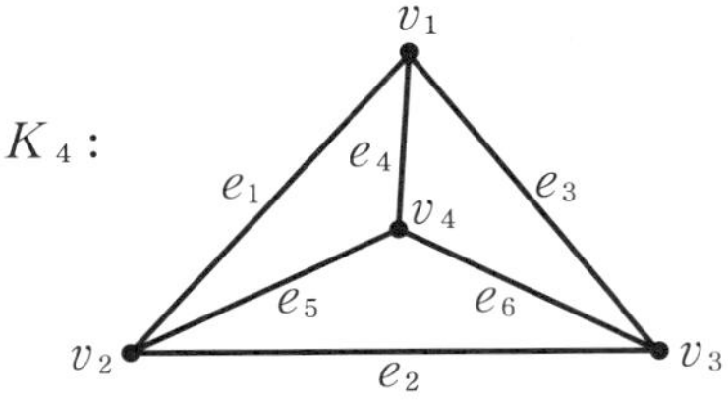

図 12.5

グラフ G の辺集合 M で，M に属するどの異なる 2 つの辺も独立のとき，M は G の**マッチング**(matching)と言います．

マッチング M のある辺の端点になっている点は，M によって**被覆されている**といい，G のどの点もマッチング M によって被覆されているとき，M は G の**完全マッチング**(perfect matching)と言います．

例えば，図 12.5 の完全グラフ K_4 では，$M=\{e_1, e_6\}$，$N=\{e_3, e_5\}$ はそれぞれ完全マッチングです．

次に，マッチング M，N に対して，$E(M)\cap E(N)=\phi$ のとき，M と N は**互いに素**(disjoint)であると言います．

例えば，図 12.5 の完全グラフ K_4 での $M=\{e_1, e_6\}$，$N=\{e_3, e_5\}$ は互いに素な完全マッチングです．

完全マッチングを持つための必要十分条件は「Tutte の定理」としてよく知られていますが，ここでは，ラプラシアン固有値を利用した十分条件等を紹介します(証明は割愛します)．

定理 12.6 (A. E. Brouwer, W. H. Haemers)
G は位数が $2p$ の正則グラフとし，そのラプラシアン固有値を $\mu_1 \leqq \mu_2 \leqq \cdots \leqq \mu_{2p}$ とする．このとき，$\mu_2 \geqq 1$ ならば，G は完全マッチングを持ち，少なくとも $\left[\dfrac{\mu_2+1}{2}\right]$ 個の互いに素な完全マッチングを持つ．ここに，[ ] は Gauss の記号である．

定理の後半の内容を説明する代わりに問題を与えておきます．楽しんで下さい．

問 12.2　図 12.6 に示されているグラフ G は正八面体のグラフと呼ばれており，そのラプラシアンスペクトルは $\mathrm{Spec}(L(G)) = \begin{pmatrix} 0 & 4 & 6 \\ 1 & 3 & 2 \end{pmatrix}$ である．このことを利用して，G の互いに素な完全マッチングの個数を求めよ．

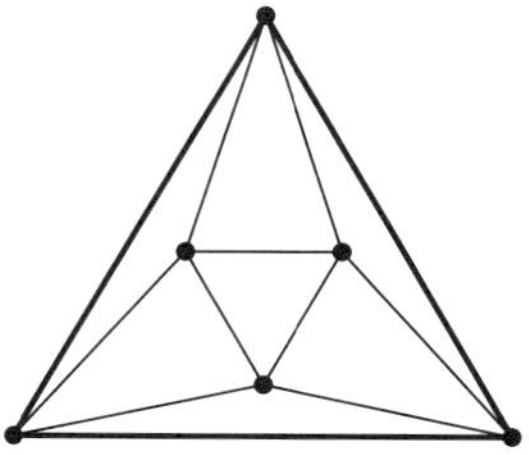

図 12.6：正八面体

§11，§12 を通して，代数的グラフ理論のほんの一部分を垣間見ました．線形代数を道具としてフルに使っていますので，楽しむことが出来たのではないでしょうか．

問の解答

問1.1 $\begin{vmatrix} x & 1 & 3 \\ y & 2 & 5 \\ 1 & 1 & 1 \end{vmatrix} = 0$ すなわち $3x-2y+1=0$.

問1.2 7

問1.3 $a=\dfrac{6}{7}$

問1.4 (1) $\begin{vmatrix} 1 & 2 & 3 \\ -1 & 1 & 3 \\ 1 & -2 & -1 \end{vmatrix}$ の絶対値$=12$.

(2) 2.

問1.5 $\dfrac{1}{6}\begin{vmatrix} 1 & 1 & 1 & 1 \\ 2 & 1 & -3 & 5 \\ 0 & 1 & 2 & 2 \\ 3 & -1 & -3 & 4 \end{vmatrix}$ の絶対値$=\dfrac{37}{6}$.

問1.6 (1) $\boldsymbol{a}=\overrightarrow{\mathrm{AB}}$, $\boldsymbol{b}=\overrightarrow{\mathrm{AC}}$ とおくと, $\boldsymbol{a}={}^t(-1, 2, 0)$, $\boldsymbol{b}={}^t(-1, 0, 1)$. このとき, $a\times b$ が平面 Π の1つの法線ベクトルである.

$\begin{vmatrix} \boldsymbol{e}_1 & \boldsymbol{e}_2 & \boldsymbol{e}_3 \\ -1 & 2 & 0 \\ -1 & 0 & 1 \end{vmatrix}=(2, 1, 2)$ であり, $|\boldsymbol{a}\times\boldsymbol{b}|=3$ であるから, 求めるベクトルは $\pm\dfrac{1}{3}\,{}^t(2, 1, 2)$ である.

(2) $\begin{vmatrix} x & y & z & 1 \\ 1 & 0 & 0 & 1 \\ 0 & 2 & 0 & 1 \\ 0 & 0 & 1 & 1 \end{vmatrix}=0$ より $2x+y+2z=2$.

(3) 面積を S とおくと，$S=\dfrac{1}{2}|\boldsymbol{a}\times\boldsymbol{b}|=\dfrac{3}{2}$．

問2.1 (1) $A=\begin{pmatrix}3 & -1\\ -1 & 3\end{pmatrix}$

(2) $A=\begin{pmatrix}1 & -12\\ -12 & -6\end{pmatrix}$

問2.2 $|A|=\begin{vmatrix}1 & -12\\ -12 & -6\end{vmatrix}=-150$．よって，中心を持つ．中心は方程式 $\begin{pmatrix}1 & -12\\ -12 & 6\end{pmatrix}\begin{pmatrix}x\\ y\end{pmatrix}=\begin{pmatrix}-14\\ 18\end{pmatrix}$ を解くことより，$(-2,\ 1)$．

問2.3 (1) $A=\begin{pmatrix}1 & 5\\ 5 & 1\end{pmatrix}$，$\widetilde{A}=\begin{pmatrix}1 & 5 & -6\\ 5 & 1 & -6\\ -6 & -6 & -24\end{pmatrix}$ より $|A|=-24$，$|\widetilde{A}|=-36\times(-24)$．有心2次曲線で中心 O′は $(1,\ 1)$．A の固有値は 6 と -4．標準形は，(2.13) より，$6X^2-4Y^2=36$ すなわち $\dfrac{X^2}{6}-\dfrac{Y^2}{9}=1$ (双曲線)．

固有値 6 と -4 に属する単位固有ベクトル (の 1 つ) はそれぞれ $\boldsymbol{p}_1=\dfrac{1}{\sqrt{2}}\begin{pmatrix}1\\ 1\end{pmatrix}$，$\boldsymbol{p}_2=\dfrac{1}{\sqrt{2}}\begin{pmatrix}-1\\ 1\end{pmatrix}$．
よって，中心 O′を始点とするベクトル $\boldsymbol{p}_1$, $\boldsymbol{p}_2$ をそれぞれ X, Y 軸とその正の方向を定めるベクトルとし，この座標軸に関して標準形で表される双曲線を描けばよい(図は略)．

(2) $A=\begin{pmatrix}1 & -1\\ -1 & 1\end{pmatrix}$ より，$|A|=0$．よって，無心2次曲線 A の固有値は 0, 2 で，これらに属する単位固有ベクトル (の 1 つ) はそれぞれ $\boldsymbol{p}_1=\dfrac{1}{\sqrt{2}}\begin{pmatrix}1\\ 1\end{pmatrix}$,

$\boldsymbol{p}_2 = \dfrac{1}{\sqrt{2}}\begin{pmatrix} -1 \\ 1 \end{pmatrix}$. 与式に例題2．2と同様にして直交変換を施せば

$$y'^2 - 2\sqrt{2}\,x' + 2\sqrt{2}\,y' + 4 = 0$$

この式は $(y' + \sqrt{2})^2 = 2\sqrt{2}\left(x' - \dfrac{1}{\sqrt{2}}\right)$ と変形できる．ここで，原点Oが $\mathrm{O}'\left(\dfrac{1}{\sqrt{2}},\ -\sqrt{2}\right)$ (となるように，変数変換 $x' = X + \dfrac{1}{\sqrt{2}}$, $y' = Y - \sqrt{2}$ をほどこせば

$$Y^2 = 2\sqrt{2}\,X \text{ (放物線)}$$

が得られる．よって，O′を始点とするベクトル $\boldsymbol{p}_1$, $\boldsymbol{p}_2$ をそれぞれ X, Y 軸とその正の方向を定めるベクトルとし，この座標軸に関して標準形で表される放物線を描けばよい(図は略)．

問3.1

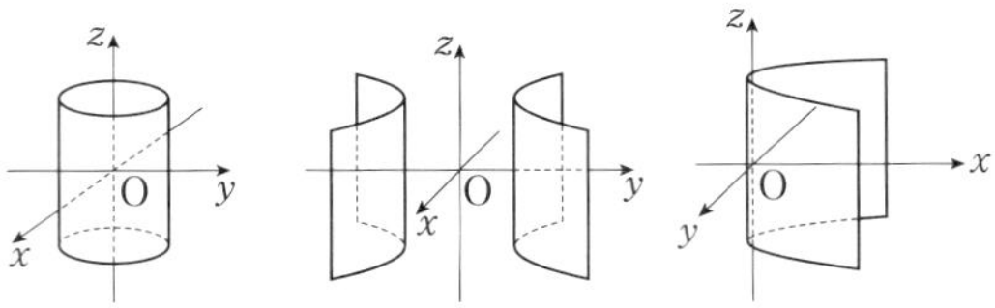

楕円柱面　　双曲柱面　　放物柱面

問3.2

(1) 方程式 $A\boldsymbol{x} = -\boldsymbol{b}$ を解くことより $(-2,\ -1,\ -2)$．

(2) $\operatorname{rank} A = 1$ であるから，無心．

問3.3

(1) $\operatorname{rank} A = 3$, $|A| = -6$, $|\widetilde{A}| = 12$, A の固有値は $3,\ 1,\ -2$．よって，(3.14)から，

$$3X^2 + Y^2 - 2Z^2 = 2 \text{ (一葉双曲面)}.$$

(2) $\operatorname{rank} A = 2$, $\operatorname{rank} \widetilde{A} = 4$, $|\widetilde{A}| = 9^3$．A の固有値は $0,\ 9,\ -9$．

よって，(3.17)と(3.18)から，

$$3X^2-3Y^2=2Z \text{（双曲放物面）}$$

問4.1 (1) $f(x,\ y)=(x\quad y)\begin{pmatrix}5 & -3\\ -3 & 5\end{pmatrix}\begin{pmatrix}x\\ y\end{pmatrix}$ と変形できるから，係数行列は $A=\begin{pmatrix}5 & -3\\ -3 & 5\end{pmatrix}$ である．A の固有値は 2, 8 であるから，定理4.1から，最小値は 2，最大値は 8 である．最小値，最大値を与えるベクトルは固有値 2, 8 に属する大きさ 1 の固有ベクトルであるから，それぞれ，$\pm\dfrac{1}{\sqrt{2}}\begin{pmatrix}1\\ 1\end{pmatrix}$，$\pm\dfrac{1}{\sqrt{2}}\begin{pmatrix}1\\ -1\end{pmatrix}$ である．

(2) F の係数行列は

$$A=\begin{pmatrix}3 & 0 & -1\\ 0 & 3 & -1\\ -1 & -1 & 4\end{pmatrix}$$

である．A の固有値は 2, 3, 5．よって，定理4.1より，最小値は 2，最大値は 5 である．最小値，最大値を与えるベクトルは固有値 2, 5 に属する大きさ 1 の固有ベクトルであるから，それぞれ，

$\pm\dfrac{1}{\sqrt{3}}\begin{pmatrix}1\\ 1\\ 1\end{pmatrix}$，$\pm\dfrac{1}{\sqrt{6}}\begin{pmatrix}-1\\ -1\\ 2\end{pmatrix}$ である．

問4.2 $R(x,\ y)=\dfrac{x^2-y^2}{(x-y)^2+y^2}$ と変形できる．ここで $X=x-y$，$Y=-y$ とおくと，

$$R(x,\ y)=\frac{(X+Y)^2-Y^2}{X^2+Y^2}=\frac{X^2+2XY}{X^2+Y^2}$$

となる．分子を F とおくと

$$F=X^2+2XY=(X\quad Y)\begin{pmatrix}1 & 1\\ 1 & 0\end{pmatrix}\begin{pmatrix}X\\ Y\end{pmatrix}.$$

このとき F の係数行列は $\dfrac{1+\sqrt{5}}{2}$，$\dfrac{1-\sqrt{5}}{2}$．

よって，定理4.2より最小値は $\dfrac{1-\sqrt{5}}{2}$，最大値は $\dfrac{1+\sqrt{5}}{2}$ である．

問4.3 $f(x,y,z)>0$ であるから，$G=(f(x,y,z))^2$ が最大値 α を持つならば，$f(x, y, z)$ も最大値を持ち $\sqrt{\alpha}$ である．

$$G=\frac{x^2+4y^2+9z^2+4xy+12yz+6zx}{x^2+y^2+z^2}$$

であるから，G の分子を F とおくと

$$F=(x\ \ y\ \ z)\begin{pmatrix}1 & 2 & 3\\ 2 & 4 & 6\\ 3 & 6 & 9\end{pmatrix}\begin{pmatrix}x\\ y\\ z\end{pmatrix}$$

となり，G はレイリー商である．よって $\boldsymbol{x}\neq\boldsymbol{0}$ のとき最大値を持つ．F の係数行列 A の固有値は0(重解)と14．よって，$f(x, y, z)$ の最大値は $\sqrt{14}$ である．行列 A の固有値14に属する固有ベクトルは $\boldsymbol{x}={}^t(c,\ 2c,\ 3c)$ $(c\neq 0)$．したがって，$x=c$, $y=2c$, $z=3c$ $(c\neq 0)$.

問5.1 (1) 例5.1と同様にして求めればよい．

$$a_n=\frac{-\sqrt{11}i}{11}\left\{\left(\frac{1+\sqrt{11}i}{2}\right)^n-\left(\frac{1-\sqrt{11}i}{2}\right)^n\right\}.\quad(n=0,1,2,\cdots)$$

(2) 与式は $a_{n+2}-a_{n+1}+\dfrac{1}{4}a_n=0$ となる．あとは，例5.2にしたがって求めればよい．

$$a_n=\frac{3n+1}{2^n}\quad(n=0,1,2,\cdots)$$

問5.2 (1) (5.10)より，与えられた漸化式の固有多項式は

$$\phi_A(\lambda)=\lambda^3-4\lambda^2+\lambda+6=(\lambda+1)(\lambda-2)(\lambda-3).$$

したがって,(5.11)より，一般項 a_n は

$$a_n=\lambda_1(-1)^n+\lambda_2 2^n+\lambda_3 3^n$$

と書くことができる．

ところで，初期条件 $a_0=1$, $a_1=12$, $a_2=24$ より，

$$\lambda_1 = -\frac{5}{2},\ \lambda_2 = 1,\ \lambda_3 = \frac{5}{2}$$

となるから，求める一般項は

$$a_n = \frac{1}{2}(5(-1)^{n+1} + 2^{n+1} + 5\cdot 3^n).$$

(2) (1)と全く同様にして，

$$a_n = 2 + (-2)^n + (-3)^n \quad (n = 0, 1, 2, \cdots)$$

(3) 漸化式の固有方程式の解は 1, 2, -1 (2 重解) である．ゆえに，定理 5.2 から

$$a_n = \lambda_1 1 + \lambda_2 2^n + \lambda_3(-1)^n + \lambda_4 n(-1)^{n-1}$$

となる．初期条件より

$$a_n = 1 + 2^n + (-1)^n + 2n(-1)^{n-1} \quad (n = 0, 1, 2, \cdots).$$

問 6.1 (1) 2 次形式 $F = x^2 + xy + y^2$ の係数行列は $A = \begin{pmatrix} 1 & \frac{1}{2} \\ \frac{1}{2} & 1 \end{pmatrix}$ だから，A の固有値は，$\frac{1}{2}$, $\frac{3}{2}$．したがって，F は正値．すなわち，$(x, y) \neq (0, 0)$ のとき，$F > 0$．等号は $x = y = 0$ のときに限り成立．したがって，

$$x^2 + xy + y^2 \geqq 0.$$

(2) 2 次形式 $F = 2x^2 + 3y^2 + 4z^2 - 4xy + 4yz$ の係数行列は

$$A = \begin{pmatrix} 2 & -2 & 0 \\ -2 & 3 & 2 \\ 0 & 2 & 4 \end{pmatrix}.$$

ゆえに，A の固有値は 0, 3, 6．よって，F は半正値．すなわち $(x, y, z) \neq (0, 0, 0)$ のとき，$F \geqq 0$．また，明らかに $(x, y, z) = (0, 0, 0)$ のとき，$F = 0$．したがって，

$$2x^2 + 3y^2 + 4z^2 \geqq 4xy - 4yz.$$

固有値 0 に属する固有ベクトルは

$$c\begin{pmatrix}-2\\-2\\1\end{pmatrix}\quad (c\neq 0).$$

よって，等号は $x=y=-2z$ のときに限り成り立つ($x=y=z=0$ の場合も含めて).

問6.2 (1) $F=ax^2-2xy+ay^2$ が正値になるように a の範囲を定めればよい．F の係数行列は $A=\begin{pmatrix}a & -1\\-1 & a\end{pmatrix}$ であるから，$a>0$, $\begin{vmatrix}a & -1\\-1 & a\end{vmatrix}>0$ を同時に満たす a の範囲を求めればよい．よって，$a>1$.

(2) $F=x^2+2ay^2+5z^2+4ayz-2zx$ とおくと，2次形式 F の係数行列は $A=\begin{pmatrix}1 & 0 & -1\\0 & 2a & 2a\\-1 & 2a & 5\end{pmatrix}$. よって，$\begin{vmatrix}1 & 0\\0 & 2a\end{vmatrix}>0$, $\begin{vmatrix}1 & 0 & -1\\0 & 2a & 2a\\-1 & 2a & 5\end{vmatrix}>0$ を同時に満たす a の範囲を定めればよい．したがって，

$$0<a<2.$$

問6.3 A が負値ならば，$-A$ は正値．よって，各 k に対して $|-A_k|>0$. したがって，$(-1)^k|A_k|>0$.

問6.4 コーシーの不等式(6.5)において，a_i^2 を a_i, b_i^2 を $\dfrac{1}{a_i}$ と置き換えると

$$\left(\sum_{i=1}^{n} a_i\right)\left(\sum_{i=1}^{n}\frac{1}{a_i}\right)\geqq(1+\cdots+1)^2=n^2.$$

等号は，ベクトル $\boldsymbol{a}=(a_1\ a_2\ \cdots\ a_n)$, $\boldsymbol{b}=\left(\dfrac{1}{a_1}\ \dfrac{1}{a_2}\ \cdots\ \dfrac{1}{a_n}\right)$ が1次従属のときに限り成り立つ.

問7.1 積 AB のノルムを求め，それにコーシー・シュワルツの不等式(前節(6.3)参照)を適用すればよい．

問7.2

(1) $\|\boldsymbol{u}_n\| = \|\boldsymbol{u}_n - \boldsymbol{u} + \boldsymbol{u}\| \leqq \|\boldsymbol{u}_n - \boldsymbol{u}\| + \|\boldsymbol{u}\|$,

　また，$\|\boldsymbol{u}\| = \|\boldsymbol{u} - \boldsymbol{u}_n + \boldsymbol{u}_n\| \leqq \|\boldsymbol{u}_n - \boldsymbol{u}\| + \|\boldsymbol{u}_n\|$.

よって，$\|\boldsymbol{u}_n\| - \|\boldsymbol{u}\| \leqq \|\boldsymbol{u}_n - \boldsymbol{u}\|$.

ところで，$\lim_{n\to\infty} u_n = u$ は $\lim_{n\to\infty} \|u_n - u\| = 0$ のことだから，(1) は示された．

(2) $\|(\boldsymbol{u}_n + \boldsymbol{v}_n) - (\boldsymbol{u} + \boldsymbol{v})\| \leqq \|\boldsymbol{u}_n - \boldsymbol{u}\| + \|\boldsymbol{v}_n - \boldsymbol{v}\|$ より，明らか．

(3) $\|\alpha_n \boldsymbol{u}_n - \alpha \boldsymbol{u}\| = \|\alpha_n(\boldsymbol{u}_n - \boldsymbol{u}) + (\alpha_n - \alpha)\boldsymbol{u}\| \leqq$
$\|\alpha_n(\boldsymbol{u}_n - \boldsymbol{u})\| + \|(\alpha_n - \alpha)\boldsymbol{u}\| = |\alpha_n|\|\boldsymbol{u}_n - \boldsymbol{u}\| + |\alpha_n - \alpha|\|\boldsymbol{u}\|$．　$\{\alpha_n\}$ は収束するから，ある正の数 M が存在して，$|\alpha_n| \leqq M$．よって，$n \to \infty$ のとき，上の式の最右辺は $\to 0$ となるから，(3)が示された．

(4) (2)と(3)から容易に得られる．

問7.3 $\begin{pmatrix} 1 & 0 \\ 0 & 1 \end{pmatrix}$

問7.4 $\begin{pmatrix} e-1 & 2 \\ 3 & e-1 \end{pmatrix}$

問8.1

(1) $\boldsymbol{x}'(t) = {}^t(-\sin t \quad \cos t \quad 1)$,

　$\boldsymbol{x}''(t) = {}^t(-\cos t \quad -\sin t \quad 0)$.

(2) $\boldsymbol{x}'(t) = (2e^t \quad -e^{-t} \quad \sqrt{5})$,

　$\boldsymbol{x}''(t) = (2e^t \quad e^{-t} \quad 0)$.

問8.2

(1) $A'(t)=e^{2t}\begin{pmatrix}2 & 2t+1\\ 0 & 2\end{pmatrix}$

(2) $C'(t)=\begin{pmatrix}-3\sin 3t & -3\cos 3t\\ 3\cos 3t & -3\sin 3t\end{pmatrix}$

問8.3

(1) $\begin{pmatrix}t\cos t\\ t\sin t\end{pmatrix}+C.$

(2) 与式$=\left[\begin{pmatrix}t\cos t\\ t\sin t\end{pmatrix}\right]_0^{\frac{\pi}{2}}=\begin{pmatrix}0\\ \frac{\pi}{2}\end{pmatrix}.$

問9.1

(1) $e^A=\sum_{n=0}^{\infty}\frac{1}{n!}A^n$ で $A^n=\begin{pmatrix}a^n & 0\\ 0 & b^n\end{pmatrix}$ であるから，求める結果が得られる．

次に(9.5)を示す．

$$e^B=e^{\begin{pmatrix}a & 0\\ 0 & a\end{pmatrix}+\begin{pmatrix}0 & 1\\ 0 & 0\end{pmatrix}}=e^{\begin{pmatrix}a & 0\\ 0 & a\end{pmatrix}}e^{\begin{pmatrix}0 & 1\\ 0 & 0\end{pmatrix}}$$

ところで $\begin{pmatrix}0 & 1\\ 0 & 0\end{pmatrix}^k$ $(k\geqq 2)$ は零行列であるから，

$$e^{\begin{pmatrix}0 & 1\\ 0 & 0\end{pmatrix}}=\begin{pmatrix}1 & 0\\ 0 & 1\end{pmatrix}+\begin{pmatrix}0 & 1\\ 0 & 0\end{pmatrix}=\begin{pmatrix}1 & 1\\ 0 & 1\end{pmatrix}.$$

このことと，(9.4)から

$$e^B=\begin{pmatrix}e^a & 0\\ 0 & e^a\end{pmatrix}\begin{pmatrix}1 & 1\\ 0 & 1\end{pmatrix}=\begin{pmatrix}e^a & e^a\\ 0 & e^a\end{pmatrix}$$

(2) $\begin{pmatrix}ta & t\\ 0 & ta\end{pmatrix}=\begin{pmatrix}ta & 0\\ 0 & ta\end{pmatrix}+\begin{pmatrix}0 & t\\ 0 & 0\end{pmatrix}$ として，上記の論法を適用すればよい．

問9.2 (1)例 9.1 の(1)にしたがって解けばよい．

$$\begin{cases} x = c_1 e^{2t} + c_2 e^{-3t} \\ y = c_1 e^{2t} - 4c_2 e^{-3t} \end{cases}$$

(2))例 9.1 の(2)にしたがって解けばよい．

$$\begin{cases} x = (c_1 + c_2 t)e^{-2t} \\ y = -(c_1 + c_2(t+1))e^{-2t} \end{cases}$$

問 10.1 例 10.1 にしたがって解けばよい．

(1) $$\begin{cases} x = c_1 e^{-3t} + c_2 e^{-4t} + \dfrac{3}{4} \\ y = -\dfrac{c_1}{2}e^{-3t} - c_2 e^{-4t} + \dfrac{1}{4} \end{cases}$$

(2) $$\begin{cases} x(t) = c_1 \cos t + c_2 \sin t - t\cos t \\ y(t) = -c_1 \sin t + c_2 \cos t - \cos t + t \sin t \end{cases}$$

問 10.2 最初に一般解を求め，次に初期条件により，2 つの任意定数を決めると

$$x = \frac{1}{2}e^{2t} + \frac{1}{2}, \quad y = \frac{1}{2}e^{2t} + \frac{3}{2}.$$

問 10.3 定理 10.2 を適用すればよい．

(1) 特性方程式は $\lambda^2 - 5\lambda + 6 = 0$．ゆえに，

$$y(t) = c_1 e^{2t} + c_2 e^{3t}.$$

(2) 特性方程式は $\lambda^2 + 10\lambda + 25 = (\lambda + 5)^2 = 0$．ゆえに，

$$y(t) = (c_1 + c_2 t)e^{-5t}.$$

(3) 特性方程式は $\lambda^2 + 6\lambda + 34 = 0$．ゆえに，$\lambda = -3 \pm 5i$．したがって，

$$y(t) = e^{-3t}(c_1 \cos 5t + c_2 \sin 5t).$$

問 11.1

$$(1)\ A=\begin{pmatrix}0&1&1&1&1\\1&0&1&1&1\\1&1&0&1&1\\1&1&1&0&1\\1&1&1&1&0\end{pmatrix}\qquad (2)\ A=\begin{pmatrix}0&0&1&1&1\\0&0&1&1&1\\1&1&0&0&0\\1&1&0&0&0\\1&1&0&0&0\end{pmatrix}$$

問 11.2 (1)星グラフ $K_{1,4}$ (2)閉路グラフ C_5

問 11.3 $\dfrac{1}{6}\mathrm{tr}(A^3)=\dfrac{1}{6}\times 42=7$

問 12.1 (1) $\mathrm{Spec}(K_{2,2})=\begin{pmatrix}2&0&-2\\1&2&1\end{pmatrix}$,

(2) $\mathrm{Spec}(K_5)=\begin{pmatrix}4&-1\\1&4\end{pmatrix}$

問 12.2 定理 12.6 より，少なくとも 2 個はある．グラフの構造から 4 個は存在しない． 3 個．

参考文献

本書を書くにあたり多くの本や論文等を参考にしました．その主なものを記して，心から感謝の念を申し上げます．

第 1 章　幾何学への応用

§1．行列式の幾何学への応用

［1］戸田盛和・浅野功義，行列と一次変換，岩波書店，2004.

［2］富永晃，基礎演習線形代数，聖文社，1980.

§2．（2 次曲線を描く）・§3．（2 次曲面を分類する）

［1］松坂和夫，線型代数入門，岩波書店，1980.

［2］川原勇作・木村哲三・藪康彦・亀田真澄，線形代数の基礎，共立出版，2006.

［3］村上正康・野澤宗平・稲葉尚志，演習線形代数，培風館，2003

［3］富永晃，基礎演習線形代数，聖文社，1980.

第 2 章　最大・最小問題，漸化式で定められる数列，不等式への応用

§4．（最大・最小問題への応用）

［1］*G.* ストラング著，山口昌哉監訳・井上昭訳，線形代数とその応用，産業図書，2006.

［2］R.A.Horn・C.R.Johnson，Matrix Analysis, Cambridge University Press, 1999.

§5．（漸化式で定められる数列への応用）

［1］松坂和夫，線型代数入門，岩波書店，1980.

［2］富永晃，基礎演習線形代数，聖文社，1980.

§6．（不等式への応用）

［1］小寺平治，テキスト線形代数，共立出版，2006.

［2］一松信，コーシーの不等式，数学セミナー 2009．2，日本評論社，pp.10–13

第 3 章　微分方程式への応用

§7.（ノルム空間，行列の指数関数・三角関数）

［1］小寺平治，なっとくする微分方程式，講談社，2006.

［2］宮寺功，関数解析，理工学社，1972.

［3］州之内治男・和田淳蔵，改訂 微分積分，サイエンス社，2006.

［4］芹沢正三，固有値問題 Càetlà（第 5 回），現代数学特論＋演習 24 章，現代数学社，1974.

§8.（行列値関数の微分と積分）

［1］小寺平治，なっとくする微分方程式，講談社，2006.

［2］白岩謙一，常微分方程式論序説，サイエンス社，1976.

§9・§10.（連立線形微分方程式への応用（1），（2））

［1］小寺平治，なっとくする微分方程式，講談社，2006.

［2］白岩謙一，常微分方程式論序説，サイエンス社，1976.

［3］申正善・内藤敏機，線形微分方程式序説（第 1 巻），牧野書店，2007.

第 4 章

§11・§12.（グラフ理論への応用（1），（2））

［1］仁平政一・西尾義典，グラフ理論序説，プレアデス出版，2005.

［2］竹中淑子，線形代数的グラフ理論，培風館，1989.

［3］加納幹雄，情報科学のためのグラフ理論，朝倉書店，2001.

［4］L.W.Beineke・R.J.Wilson，Topics in Algebraic Graph Theory，Cambridge University Press，2004.

［5］N.Biggs，Algebraic Graph Theory，Cambridge University Press，1974.

［6］A.E.Brouwer，W.H.Haemers，Eigenvalues and perfect matchings，Discussion Paper No.2004−58，pp.1−7.

索　引

た行

な行

は行

ま行

や行

ら行

著者紹介：

仁平政一（にへい・まさかず）

1943年 茨城県生まれ．
千葉大学卒，立教大学大学院理学研究科修士課程数学専攻修了．
現在：茨城大学工学部非常勤講師．
主な著書等：
- グラフ理論序説（共著，プレアデス出版）
- Ars Combinatoria 等の専門誌や Mathematical Gazette 等の数学教育関係のジャーナルに論文多数．
- 日本数学教育学会より『算数・数学の研究ならびに推進の功績』で85周年表彰を受ける．
- 所属学会：日本数学会，日本数学教育学会，数学教育学会．
- 研究分野：グラフ理論，数学教育．

もっと知りたい
やさしい線形代数の応用

2013年8月2日　　初版1刷発行

検印省略

© Masakazu Nihei, 2013
Printed in Japan

著　者　　仁平政一
発行者　　富田　淳
発行所　　株式会社　現代数学社
〒606-8425 京都市左京区鹿ヶ谷西寺ノ前町1
TEL&FAX 075 (751) 0727　振替 01010-8-11144
http://www.gensu.co.jp/

印刷・製本　　亜細亜印刷株式会社

ISBN978-4-7687-0426-4

落丁・乱丁はお取替え致します．